基于特权信息的
灰色支持向量机

肖海军　王　毅　黄　刚　章丽萍　著

科 学 出 版 社
北　京

内 容 简 介

Vapnik（瓦普尼克）于 20 世纪末提出的支持向量机结构，通过将样本从低微空间向高维空间的映射来实现样本的线性划分，从而可获得预测的通用规则。该理论的通用性、鲁棒性、计算高效性使机器学习理论研究取得飞速的发展。然而，实际工程的原始数据中可能隐含着一些非常规的信息，本书称为特权信息。这些具有某种特殊意义的特权信息有的仅存在部分数据中，并且这些特权信息的收集往往十分困难。然而，医学、生物、电子、信息等领域的工程数据中的某些特权信息却具有十分重要的作用。本书提出基于特权信息的灰色支持向量机理论，在对原始数据不做任何修改的情况下，能够很好地构造预测规则并能够很好地解决含有特权信息的工程实际问题，是对标准支持向量机的拓展与补充。

本书可作为计算机、自动化、机电工程、应用数学等专业高年级本科生、研究生的教材或参考书，也可作为统计学、神经网络、机器学习、数据挖掘、人工智能等专业研究生的教材，以及相关研究领域的工程技术人员应用机器学习技术的指导书。

图书在版编目（CIP）数据

基于特权信息的灰色支持向量机/肖海军等著. —北京：科学出版社，2023.10
ISBN 978-7-03-074704-4

Ⅰ.① 基⋯ Ⅱ.① 肖⋯ Ⅲ.① 向量计算机-研究 Ⅳ.① TP38

中国国家版本馆 CIP 数据核字（2023）第 018614 号

责任编辑：王 晶/责任校对：高 嵘
责任印制：彭 超/封面设计：苏 波

科 学 出 版 社 出版
北京东黄城根北街 16 号
邮政编码：100717
http://www.sciencep.com
武汉中科兴业印务有限公司印刷
科学出版社发行 各地新华书店经销

*

开本：787×1092 1/16
2023 年 10 月第 一 版 印张：7 1/2
2023 年 10 月第一次印刷 字数：178 000
定价：58.00 元
（如有印装质量问题，我社负责调换）

前　言

Vapnik 提出的支持向量机模型使机器学习的理论研究取得了飞速的发展，然而，在实际工程问题中可能隐含着的某些特权信息会抑制机器学习的效果。这一棘手问题却又广泛存在于图像识别、生物信息学等研究领域。于是，本书提出基于特权信息的支持向量机理论，在完全使用原始数据的情况下，能够很好地构造预测规则，是对标准支持向量机的拓展与补充。

2016 年，著者指导的学生卢常景阅读了大量机器学习的文献，在他的毕业论文选题阶段，第一次认识到基于特权信息的学习方法。在这种学习方法中，除了训练数据集的常规信息外，还有一些具有额外价值的信息，被称为特权信息。同时，著者团队课题组在对支持向量机的研究过程中，卢常景同学建议将特权信息融入支持向量机模型，这不仅可以解决标准支持向量机解决不了的实际问题，而且可使部分标准支持向量机的预测、分类具有更优的性能。基于此，课题组开始对基于特权信息的支持向量机理论进行研究。

有关基于特权信息的灰色支持向量机书籍较少，国内外研究内容还比较缺乏，因此，著者整理了近几年研究成果写成本书。全书主要从支持向量机学习算法、灰色理论的基本原理开始，分别介绍了 4 类处理特权信息的支持向量机算法。根据特权信息种类的不同和支持向量机算法的不同，这 4 类算法分别称为基于特权信息的支持向量机一阶模型、二阶模型、三阶模型和基于特权信息的灰色支持向量机模型。本书还详细介绍了三种基于特权信息支持向量机的仿真实验。这些算法在含有特殊信息的文本分类、手写识别、图像分类、生物信息学等领域中会有较好的应用。

本书理论完善、内容丰富、自包含性强，而且叙述清晰、严谨、观点鲜明。

在本书撰写过程中，由于课题组卢常景同学在后期研究中选择了其他研究方向，该课题交给曹颖同学继续研究。曹颖结合灰色理论，做了很多研究工作，付出了大量心血，效果显著，相关结论也得到实验结果的有效验证。在此，感谢课题组学生卢常景提出宝贵的思想和建设性的意见；曹颖完成相关算法的设计；郑志敏完成部分实验的编程工作。全书由肖海军老师执笔完成，王毅、黄刚两位老师结合应用数学和信息与计算科学专业的培养方案对本书的理论部分做了系统性设计，章丽萍老师根据大数据专业的培养方案，对本书的实验做了全面的部署，并协助完成了本书的校正工作。

笔者水平有限，书中难免有疏漏之处，恳请读者批评指正。

肖海军

2021 年 12 月 4 日于南望山

目　　录

第 1 章

支持向量机基本原理

1.1　支持向量机的产生与发展

1995 年 Vapnik 在"Support-vector networks"中提出[1]基于统计学习理论的支持向量机（support vector machine，SVM），也称为支持向量网络。它作为一种新模式识别的方法一直受到广大科研工作者的高度关注[2]。同年，Vapnik 和 Cortes 提出软间隔支持向量机[2]，通过引进松弛变量 ξ_i 判断数据 x_i 是否被误分（分类出现错误时 ξ_i 大于 0），同时在目标函数中，增加一个参数 C 用来惩罚非零松弛变量（即代价函数），SVM 的寻优过程是使平衡分隔的间距尽量最大化和误差补偿尽量最小化的平衡过程。1996 年，Drucker 等提出支持向量回归（support vector regression，SVR）的方法用于解决拟合问题[3]。SVR 同 SVM 的出发点都是寻找最优超平面，但 SVR 的目的不是找到两种数据的分割平面，而是找到能准确预测数据分布的平面，两者最终都转换为最优化问题的求解。1999 年，Mayoraz 和 Alpaydin 研究的多分类 SVM（multi-class support vector machines，Multi-SVM）方法正式发表。此外，在 SVM 算法的基本框架下，研究者们针对不同的研究背景提出许多不同的改进算法[4]。例如：Suykens 提出最小二乘支持向量机（least square support vector machine，LS-SVM）算法[5]；Joachims 等提出 SVM-light[6]；Zhang 提出中心支持向量机（central support vector machine，CSVM）[7]，Scholkoph 和 Smola 提出 v-SVM[8]。在研究各种噪声模型和支持向量机参数设置时发现上述改进模型中，支持向量机（v-SVM）是一种软间隔分类器模型。其中，参数 v 控制支持向量的数量和对分类不敏感的间隔外的点的数量。通过实验调整支持向量数占输入数据比例的下限，以及度量超平面偏差参数 ρ，代替通常依靠经验选取的软间隔分类惩罚参数，可以确定最低泛化误差的 v 值。LS-SVM 则是用等式约束代替传统 SVM 中的不等式约束[9]，将求解二次规划问题变成解一组等式方程来提高算法效率。

在算法实现方面，台湾大学的林智仁（Lin Chih-Jen）等对 SVM 的典型应用进行相关总结，并设计开发了 LIBSVM（a library for support vector machines）工具包[10]。LIBSVM 是一个通用的 SVM 工具包，主要用于解决分类、回归及分布估计等问题。该软件包提供几种常用的核函数供用户选择，并且具有不平衡样本加权和多类分类等功能。LIBSVM 工具包的突出贡献主要是可实现核函数参数选取及优化、完成实验结果的交叉核实（cross validation）。

SVM-light 的特点则是通过引进缩水（shrinking）逐步简化二次规划问题，以及利用高速缓冲存储器（cache）的缓存技术来降低迭代运算的计算代价，解决大规模样本条件下 SVM 学习的复杂性问题。

1.2　支持向量机相关理论

1.2.1　统计学习理论

与传统统计学理论不同，统计学习理论（statistical learning theory，SLT）是建立在较坚实的理论基础之上，针对小样本统计问题建立的一套新型理论体系，在该体系下统计推理规则不仅考虑对渐近性能的要求，而且追求在有限信息条件下得到最优结果[11]。它融合了很多现有方法，可有效解决许多难以解决的问题（比如神经网络结构选择问题、局部极优点问题等），同时也可以看作是基于数据的机器学习问题的一个特例，即有限样本情况下的特例。

统计学习理论从一些观测（训练）样本出发，得到一些不能通过原理分析而得到的规律，再利用这些规律分析测试样本，从而利用训练获得规律对未知的样本进行较为准确的预测。例如，对全国未来几年国内生产总值进行预测时，需要先采集过去几年甚至几十年的国内生产总值的相关数据，并对其变化规律做出统计学方面的分析和归纳，从而得到一个总体的预测模型，这样就可以对未来几年的国内生产总值走势做出一个大概的估计和预测。

显然，这里采集的国内生产总值的数据越准确、年份越长，分析归纳得到的统计规律就越准确，对未来国内生产总值的预测就越接近真实水平。如果只采集到过去几年的国内生产总值，那么得到的统计模型就会显得不够完美、准确。

统计学习理论研究的主要问题包括以下几方面。

（1）学习的统计性能：通过有限样本能否学习得到其中的一些规律？

（2）学习算法的收敛性：学习过程是否收敛？收敛的速度如何？

（3）学习过程的复杂性：学习器的复杂性、样本的复杂性、计算的复杂性如何？

如今，统计学习理论在模式分类、回归分析、概率密度估计方面发挥着越来越重要的作用。

1.2.2　支持向量机训练算法

SVM 方法是 Vapnik 等根据统计学习理论提出的一种新的机器学习方法，它以结构风险最小化原则为理论基础，通过适当地选择函数子集及该子集中的判别函数，使学习机器的实际风险达到最小，保证通过有限训练样本得到的小误差分类器，对独立测试集的测试误差仍然较小。

在机器学习中，SVM 是一种有监督式学习模型和相关的学习算法，其分析用于数据的分类和回归分析。给定一组训练数据集，每个数据都被标记为属于两个类别中的一个或另一个，支持向量机训练算法建立一个模型，将新的数据分配给其中一个类别，使其成为非概率二进制线性分类器。支持向量机模型将数据表示为空间中的点，将不同类别的数据通过一个尽可能大的清晰差距进行映射。然后，新的数据被映射到相同的空间，并根据它们落在分类面的哪一边来预测属于哪一种类别。

除了实现线性分类，通过数据映射到高维特征空间，支持向量机可以有效地实现非线性分类问题，这种思想称为核技巧。

当数据没有标记时，就不能再使用监督学习方法进行学习，这时需要一种非监督学习方法，这种方法试图找到数据中自然聚类的中心，然后将新的数据映射到这些已经形成的组。支持向量聚类算法是对支持向量机的一种改进，它被称为支持向量聚类，通常用于没有标记数据或仅标记部分数据作为分类过程的预处理的工业应用中。

分类数据是机器学习中常见的任务。假设给定的数据点属于两类中的一个，目标是决定一个新数据点将属于哪个类。在利用支持向量分类的情况下，一个数据点可被视为一个 p 维向量，我们想知道：是否可以用一个 $p-1$ 维的超平面来分离这些点，这叫作线性分类器。当然，人们可以找到多个超平面来对同一数据集进行分类。一个合理的方案是选择一个最好的超平面，使它与每边最近的数据点之间的距离最大化。如果存在这样的超平面，那么称其为最大边缘超平面，其定义的线性分类器称为最大边缘分类器，或者称为最优稳定性感知器。

支持向量机的基本思想是：首先，在线性可分情况下，在原空间寻找两类样本的最优分类超平面；在线性不可分的情况下，加入松弛变量进行分析，使用非线性映射将低维输入空间的样本映射到高维属性空间使其变为线性情况，从而使得在高维属性空间采用线性算法对样本的非线性进行分析成为可能，并在该特征空间中寻找最优分类超平面。其次，使用结构风险最小化原理在属性空间构建最优分类超平面，使得分类器得到全局最优，并在整个样本空间的期望风险以某个概率满足一定上界。

SVM 的优点表现为以下几个方面。

（1）基于统计学习理论中结构风险最小化原则和 VC 维（vapnik-chervonenkis dimension）理论，具有良好的泛化能力，即由有限的训练样本得到小的误差能够保证使独立的测试集仍保持小的误差。

（2）支持向量机的求解问题对应的是一个凸优化问题，因此局部最优解一定是全局最优解。

（3）核函数的成功应用，将非线性问题转化为线性问题求解。

（4）分类间隔最大化，使得支持向量机算法具有较好的鲁棒性。由于 SVM 自身的突出优势，所以被越来越多的研究人员作为强有力的学习工具，以便于解决模式识别、回归估计等领域的难题。

当然，SVM 也存在一定的局限性，例如下面几点。

（1）SVM 算法对大规模训练样本难以实施。SVM 的空间消耗主要是存储训练样本和核矩阵，由于 SVM 是借助二次规划来求解支持向量，而求解二次规划将涉及 m 阶矩阵的计算（m 为样本的个数），当 m 数目较大时，该矩阵的存储和计算将耗费大量的机器内存和运算时间。

（2）用 SVM 解决多分类问题存在的困难。例如，经典的支持向量机算法只给出二类分类的算法，而在数据挖掘的实际应用中，还要解决多分类的问题。虽然已有支持向量机多分类算法的研究，但分类效果往往不理想。这时，采用支持向量机算法进行多分类通常选择多个二类支持向量机的组合来解决，主要有一对多组合模式、一对一组合模式和 SVM 决策树。

（3）对缺失数据敏感，对参数和核函数选择敏感。支持向量机性能的优劣主要取决于核函数的选取，所以在对一个实际问题时，需要根据实际的数据模型选择合适的核函数，从而构造 SVM 算法，目前比较成熟的核函数及其参数的选择都是人为根据经验来选取的，带有一定的随意性。在不同的问题领域，核函数应当具有不同的形式和参数，所以在选取时候应该将领域知识引入进来，但是目前还没有好的方法来解决核函数的选取问题。

1.2.3　线性支持向量机

在线性可分的情况下，寻找 SVM 最优分类面的基本思想可用图 1.1 进行描述。图 1.1 中，"×"点和"○"点代表两类样本，H 为它们之间的分类超平面，H_1，H_2 分别为通过正、负两类样本的分类面，它们之间的距离叫作分类间隔（margin）。点用于分隔一维空间中的样本，直线用于分隔二维空间中的样本，平面用于分隔三维空间中的样本，高维空间中的样本用超平面来分隔。

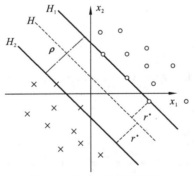

图 1.1　最优分类面示意图

ρ 为分类间隔；r^* 为几何距离

最优分类面要求分类面不仅可以将两类数据正确分开，而且还能使分类间隔最大化。将两类数据正确分开保证了训练的错误率为 0，也就是经验风险最小（为 0）化。使分类间隔最大就是将实际数据分类的真实风险控制在最小。推广到高维空间，最优分类线就成为最优分类超平面。

设线性可分的样本集为 $(\boldsymbol{x}_i, y_i)$ $(i=1,2,\cdots,n)$, $x=(x_1,x_2,\cdots,x_d)\in R^d$, $y\in\{+1,-1\}$ 是类别符号。d 维空间中线性判别函数的一般形式为类别符号。d 维空间中线性判别函数的一般形式为

$$g(\boldsymbol{x}) = \boldsymbol{w}\cdot\boldsymbol{x} + b \tag{1.1}$$

分类线方程为

$$\boldsymbol{w}\cdot\boldsymbol{x} + b = 0 \tag{1.2}$$

要求分类线对所有样本正确分类，就是要求它满足

$$y_i[(\boldsymbol{w}\cdot\boldsymbol{x})+b]-1\geqslant 0 \quad (i=1,2,\cdots,n) \tag{1.3}$$

当满足上述条件（1.1），并且使 $\|\boldsymbol{w}\|^2$ 最小的分类面称为最优分类面，满足等式（1.3）的特定数据点 (x_i, y_i) 称为支持向量，它们恰好是最佳超平面最接近的数据点，显然它们"支持"最优分类面。

将判别函数（1.1）进行归一化，使两类所有样本都满足 $|g(\boldsymbol{x})|=1$，也就是使离分类面最近样本的 $|g(\boldsymbol{x})|=1$，然后，从支持向量 $\boldsymbol{x}^*$ 到最优超平面的相应几何距离为

$$r^* = \frac{g(\boldsymbol{x}^*)}{\|\boldsymbol{w}\|} = \begin{cases} \dfrac{1}{\|\boldsymbol{w}\|}, & y^*=+1 \\ -\dfrac{1}{\|\boldsymbol{w}\|}, & y^*=-1 \end{cases} \tag{1.4}$$

从图 1.1 可以看出，分类间隔的值是

$$\rho = 2r^* = \frac{2}{\|\boldsymbol{w}\|} \tag{1.5}$$

为了确保可以发现最大间隔超平面，支持向量聚类（support vector clustering，SVC）尝试相对于 $\boldsymbol{w}$ 和 b 最大化 ρ：

$$\begin{cases} \max\limits_{\boldsymbol{w},b} \dfrac{2}{\|\boldsymbol{w}\|} \\ \text{s.t.} \quad y_i(\boldsymbol{w}^{\mathrm{T}}\boldsymbol{x}_i+b)\geqslant 1 \quad (i=1,2,\cdots,n) \end{cases} \tag{1.6}$$

等价地

$$\begin{cases} \min\limits_{\boldsymbol{w},b} \dfrac{1}{2}\|\boldsymbol{w}\|^2 \\ \text{s.t.} \quad y_i(\boldsymbol{w}^{\mathrm{T}}\boldsymbol{x}_i+b)\geqslant 1 \quad (i=1,2,\cdots,n) \end{cases} \tag{1.7}$$

在这里，我们通常使用 $\|\boldsymbol{w}\|^2$ 而不是 $\|\boldsymbol{w}\|$ 以方便进行后续优化步骤。

一般来说，通过使用拉格朗日乘数法来解决式（1.7）中的约束优化问题，称为原始问题。

可构造以下拉格朗日函数：

$$L(\boldsymbol{w},b,\alpha) = \frac{1}{2}\boldsymbol{w}^{\mathrm{T}}\boldsymbol{w} - \sum_{i=1}^{n}\alpha_i[y_i(\boldsymbol{w}^{\mathrm{T}}\boldsymbol{x}_i+b)-1] \tag{1.8}$$

式中：α_i 是关于第 i 个不等式的拉格朗日乘数。

相对于 $\boldsymbol{w}$ 和 b 区分 $L(\boldsymbol{w},b,\alpha)$，并将结果设置为零，得到两个最优条件：

$$\begin{cases} \dfrac{\partial L(\boldsymbol{w},b,\alpha)}{\partial \boldsymbol{w}} = 0 \\[3mm] \dfrac{\partial L(\boldsymbol{w},b,\alpha)}{\partial b} = 0 \end{cases} \tag{1.9}$$

可以得到

$$\begin{cases} \boldsymbol{w} = \displaystyle\sum_{i=1}^{n} \alpha_i y_i \boldsymbol{x}_i \\[3mm] \displaystyle\sum_{i=1}^{n} \alpha_i y_i = 0 \end{cases} \tag{1.10}$$

将式（1.10）代入拉格朗日函数方程（1.8），得到相应的对偶问题：

$$\begin{cases} \displaystyle\max_{\alpha} W(\alpha) = \sum_{i=1}^{n} \alpha_i - \frac{1}{2}\sum_{i=1}^{n}\sum_{j=1}^{n} \alpha_i \alpha_j y_i y_j \boldsymbol{x}_i^{\mathrm{T}} \boldsymbol{x}_j \\[3mm] \text{s.t.}\ \ \displaystyle\sum_{i=1}^{n} \alpha_i y_i = 0 \\[3mm] \quad\ \ \alpha_i \geqslant 0 \quad (i=1,2,\cdots,n) \end{cases} \tag{1.11}$$

与此同时，卡罗需-库恩-塔克条件（Karush-Kuhn-Tucker conditions，又称为 KKT 条件）的补充条件是

$$\alpha_i[y_i(\boldsymbol{w}^{\mathrm{T}}\boldsymbol{x}_i + b) - 1] = 0 \quad (i=1,2,\cdots,n) \tag{1.12}$$

因此，确定最大间隔并且最接近最优超平面的支持向量 $(\boldsymbol{x}_i,y_i)$ 对应非零 α_i，其他 α_i 等于零。

方程（1.11）中的对偶问题是典型的凸二次规划问题。在多数情况下，可以通过采用一些适当的优化技术，如序列最小优化算法（sequential minimal optimization，SMO），有效地收敛到全局最优化。

在确定最佳拉格朗日乘数 α_i^* 后，通过式（1.10）计算最优权重向量 $\boldsymbol{w}^*$，即

$$\boldsymbol{w}^* = \sum_{i=1}^{n} \alpha_i^* y_i \boldsymbol{x}_i \tag{1.13}$$

然后，利用正支持向量 $\boldsymbol{x}_s$，相应的最优偏差 b^* 可写为

$$b^* = 1 - \boldsymbol{w}^{*\mathrm{T}}\boldsymbol{x}_s \tag{1.14}$$

1.2.4　具有软间隔和优化的 SVC

针对许多现实问题，特别是复杂的非线性分类案例时，标准支持向量机不能严格地将所有样本都线性分离。当样本不能完全线性分离时，分类间隔可能为负。在这种情况下，原始问题的可行区域为空，因此相应的对偶问题是无界目标函数。这就使得优化问题无法得到解决。

为了解决这些不可分的问题，通常采用两种方法：一种是缩放方程（1.7）中的刚

性不等式，从而导致软间隔优化；另一种是应用核映射来线性化这些非线性问题。下面介绍软间隔优化。

如果在数据中混合有几个相反类的点，这些点表示即使对于最大间隔超平面也存在着训练误差。"软间隔"核心思想是构造的分隔超平面允许存在一些噪声数据，使 SVC 算法得到扩展。具体地，引入一个松弛变量 ξ_i 来构造分类器允许存在一些噪声数据：

$$\begin{cases} \min\limits_{w,b} \dfrac{1}{2}\|w\|^2 + C\sum\limits_{i=1}^{n}\xi_i \\ \text{s.t.} \quad y_i(w^\mathrm{T}x_i + b) \geqslant 1 - \xi_i \quad (i=1,2,\cdots,n) \end{cases} \tag{1.15}$$

其中，参数 C 控制机器的复杂性与不可分的点的数量，可被视为"正则化"参数，并由用户经实验或分析来选择。

松弛变量 ξ_i 通过从错误分类数据实例到超平面的距离进行直接几何解释。该距离度量的是错分实例相对于理想可分模式的偏差程度。使用与上面介绍的拉格朗日乘数相同的方法，可以将软间隔的对偶问题制定为

$$\begin{cases} \max\limits_{\alpha} W(\alpha) = \sum\limits_{i=1}^{n}\alpha_i - \dfrac{1}{2}\sum\limits_{i=1}^{n}\sum\limits_{j=1}^{n}\alpha_i\alpha_j y_i y_j x_i^\mathrm{T}x_j \\ \text{s.t.} \quad \sum\limits_{i=1}^{n}\alpha_i y_i = 0 \\ \qquad 0 \leqslant \alpha_i \leqslant C \ (i=1,2,\cdots,n) \end{cases} \tag{1.16}$$

将式（1.11）与式（1.16）进行比较，在此需注意，松弛变量 ξ_i 不出现在对偶问题中。线性不可分和可分情况的主要区别是约束 $\alpha_i \geqslant 0$ 被更严格的约束 $0 \leqslant \alpha_i \leqslant C$ 替代。否则，两种情况相似，包括权重向量 w 和偏差 b 的最优值计算。

在不可分的情况下，KKT 的补充条件是

$$\alpha_i[y_i(w^\mathrm{T}x_i + b) - 1 + \xi_i] = 0 \quad (i=1,2,\cdots,n) \tag{1.17}$$

$$\gamma_i\xi_i = 0 \quad (i=1,2,\cdots,n) \tag{1.18}$$

式（1.17）和式（1.18）中：γ_i 是对应 ξ_i 的拉格朗日乘数，其被引入以强制 ξ_i 的非负性。在相对于 ξ_i 的原始问题的拉格朗日函数的导数为零的鞍点估计得到

$$\alpha_i + \gamma_i = C \tag{1.19}$$

结合方程（1.18）和方程（1.19），即

$$\xi_i = 0 \quad \text{若} \quad \alpha_i < C \tag{1.20}$$

因此，最优权重：

$$w^* = \sum_{i=1}^{n}\alpha_i^* y_i x_i \tag{1.21}$$

通过采用具有 $0 \leqslant \alpha_i^* \leqslant C$ 训练集中的任何数据点 (x_i, y_i) 和相应 $\xi_i = 0$ 来获得最佳偏差 b^*，并且使用式（1.17）中的数据点。

1.2.5　非线性支持向量机

非线性问题可以通过非线性交换转化为某个高维空间中的线性问题，在变换空间求最优分类超平面。这种变换可能比较复杂，因此这种思路在一般情况下不易实现。但是在对偶问题中，不论是寻优目标函数（1.11）还是分类函数都只涉及训练样本之间的内积运算$(\boldsymbol{x} \cdot \boldsymbol{x}_i)$。设有非线性映射 $\boldsymbol{\varPhi}: R^d \to H$ 将输入空间的样本映射到高维（可能是无穷维）的特征空间 H 中，当在特征空间 H 中构造最优超平面时，训练算法仅使用空间中的点积，即 $\phi(\boldsymbol{x}_i) \cdot \phi(\boldsymbol{x}_j)$，而没有单独的 $\phi(\boldsymbol{x}_i)$ 出现。因此，如果能够找到一个函数 K 使得

$$K(\boldsymbol{x}_i \cdot \boldsymbol{x}_j) = \phi(\boldsymbol{x}_i) \cdot \phi(\boldsymbol{x}_j) \tag{1.22}$$

这样在高维空间实际上只需进行内积运算，而这种内积运算可以用原空间中的函数实现，甚至没有必要知道变换中的形式。根据泛函分析的有关理论，只要一种核函数 $K(\boldsymbol{x}_i \cdot \boldsymbol{x}_j)$ 满足 Mercer 条件，它就对应某一变换空间中的内积。因此，在最优超平面中采用适当的内积函数 $K(\boldsymbol{x}_i \cdot \boldsymbol{x}_j)$ 可以实现某一非线性变换后的线性分类，而计算复杂度却没有增加。此时目标函数（1.11）变为

$$Q(\boldsymbol{\alpha}) = \sum_{i=1}^{n} \alpha_i - \frac{1}{2} \sum_{i,j=11}^{n} \alpha_i \alpha_j y_i y_j K(\boldsymbol{x}_i \cdot \boldsymbol{x}_j) \tag{1.23}$$

而相应的分类函数也变为

$$f(x) = \mathrm{sgn} \left\{ \sum_{i=1}^{n} \alpha_i^* y_i K(\boldsymbol{x}_i, \boldsymbol{x}_j) + b^* \right\} \tag{1.24}$$

概括地，SVM 是通过某种事先选择的非线性映射将输入向量映射到一个高维特征空间，在这个特征空间中构造最优分类超平面。在形式上 SVM 分类函数类似于一个神经网络，输出是中间节点的线性组合，每个中间节点对应于一个支持向量，如图 1.2 所示。

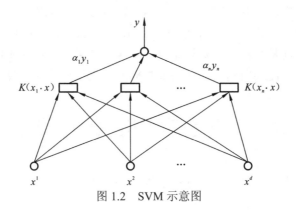

图 1.2　SVM 示意图

其中，输出（决策规则）：$y = \text{sgn}\left\{\sum_{i=1}^{n} \alpha_i y_i K(\boldsymbol{x}, \boldsymbol{x}_i) + b\right\}$，权值 $w_i = \alpha_i y_i$，$K(\boldsymbol{x}, \boldsymbol{x}_i)$ 为基于 s 个支持向量 $\boldsymbol{x}_1, \boldsymbol{x}_2, \cdots, \boldsymbol{x}_s$ 的非线性变换（内积），$\boldsymbol{s}_i = (x^1, x^2, \cdots, x^d)\ (i =, 1, 2, \cdots, n)$ 为输入向量。

1.2.6　核函数

选择满足 Mercer 条件的不同内积核函数，构造不同的 SVM，这样就形成不同的算法。目前研究最多的核函数主要有下面几类。

（1）多项式核函数。

$$K(\boldsymbol{x}, \boldsymbol{x}_i) = [(\boldsymbol{x} \cdot \boldsymbol{x}_i) + 1]^q \qquad (1.25)$$

式中：q 是多项式的次数，所得到的是 q 次多项式分类器。

（2）径向基函数（radial basis function，RBF）。

$$K(\boldsymbol{x}, \boldsymbol{x}_i) = \exp\left\{-\frac{|\boldsymbol{x} - \boldsymbol{x}_i|^2}{\sigma^2}\right\} \qquad (1.26)$$

式（1.26）所得到的 SVM 是一种径向基分类器，它与传统径向基函数方法的基本区别是每一个基函数的中心对应于一个支持向量，以及输出权值都是由算法自动确定的。径向基形式的内积函数类似人的视觉特性，在实际应用中经常用到，但是需要注意的是，选择不同的参数值，相应的分类面会有很大差别。

（3）S 形核函数。

$$K(\boldsymbol{x}, \boldsymbol{x}_i) = \tanh[v(\boldsymbol{x} \cdot \boldsymbol{x}_i) + c] \qquad (1.27)$$

这时 SVM 算法中包含一个多层感知器神经网络，只是在这里网络的权值、网络的隐藏层的节点数都是由算法自动确定的，而传统的感知器神经网络则由人们凭借经验确定。此外，该算法不存在困扰神经网络的局部极小点的问题。

在上述几种常用的核函数中，最常用的是多项式核函数和径向基函数。但除上述核函数外，还有指数径向基核函数、小波核函数等。

相关研究发现，训练的样本集不同，选择不同核函数的实验结果也各有优劣。Bacsens 和 Viaene 等曾利用 LS-SVM 分类器，采用 UCI 数据库（美国加州大学欧文分校提出用于机器学习的数据库，网址：http://archive.ics.uci.edu/ml），对线性核函数、多项式核函数和径向基函数进行实验比较，从实验结果发现：对不同的数据库，不同的核函数各有优劣，而径向基函数在较多数据库中表现出略为优良的性能。

1.3　支持向量机的研究现状

学术界普遍认为，支持向量机算法是继神经网络之后一个崭新的研究方向。由于支持向量机具有坚实的理论基础，而且它在很多领域表现出了良好应用性能，目前，支持向量机算法的研究吸引了国内外学者的广泛关注。关于 SVM 的研究主要有：算法理论研究、训练算法的改进以及算法的应用研究等[12-14]。

1.3.1　SVM 的理论研究

近年来，支持向量机的理论研究已取得大量的研究成果。例如 Anthony 等研究多用户检测 SVM 或最优间隔分类器[14]。支持向量机适合于多用户检测的基础是其基于统计学习的理论，并证明线性支持向量机在无噪声情况下收敛于最小均方差（minimum mean-square error，MMSE）接收机。Shawer-Taylor 和 Cristianini 研究类似于软邻域支持向量机和回归支持向量机的误差界限，接着应用 boosting[15]策略优化了根据松弛变量的两个范数获得的泛化界[16-17]。由于该算法是在二次损失函数上执行梯度下降，所以对大边距的点不敏感。Platt 等、Hsu 等、Duan 等分别对支持向量机的泛化性能、多值分类及回归进行了深入研究[18-20]；Graepel 等为避免在支持向量机中使用具有不确定度量的特征空间所固有的问题，研究发现可以通过牺牲训练误差来加强邻近表示的稀疏性，从而有利于邻近数据的分类[21]。与 v-SVM 方法类似，该算法唯一需要的参数是被分类的数据点的（渐近）数量。Grigoryev 等提出一种具有特殊形式的正则化网络[22]，Poggio 等将脊回归应用到正则化网络的学习中，讨论了正则化理论和逼近理论框架（基于正则化技术），以及近似学习和超曲面重建学习问题[23]。Smola 等研究了正则化网络和支持向量机的关系。随着支持向量机理论的深入研究，Smola 提出的用于分类和回归的 v-SVM[3,8]，Suykens 等提出的最小二乘支持向量机[24]，Valyon 等在此基础上提出的通用最小二乘支持向量机（generalised LS-SVM）[25]，Van den Burg 等随后对最小二乘支持向量机进行了深入研究[26]，Ladický 等提出的局部线性支持向量机等属于变种支持向量机[27]。

1.3.2　改进的 SVM 训练算法

由于 SVM 对偶问题是一个带约束条件的二项规划（quadratic programming，QP）问题，需要计算和存储核函数矩阵，其大小与训练样本数量密切相关，所以随着训练样本数目的增多，所需要的内存也就增大；其次，SVM 在二次型寻优过程中需要进行大量矩阵运算，在一般情况下，寻优算法占用了绝大部分的算法时间。因此，改进的训练算法思路总是希望把需要求解的问题分成许多子问题，然后通过反复求解子问题来求得最终的解，其方法主要有下面几种。

1. 块处理算法

块处理算法（chunking algorithm）是将数据样本集分成训练样本集和测试样本集，每次对训练样本集利用二项规划求得最优解，剔除其中的非支持向量，并用训练结果对测试样本进行检验，将不符合训练结果（一般是指违反 KKT 条件）的部分样本与本次结果的支持向量合并，成为一个新的训练样本集，然后重新训练[28-29]。如此重复直到获得最优结果。块处理算法使用的前提是支持向量的数目相对较少。如果在支持向量数目本身较多的情况下，那么随着训练迭代次数的增加，训练样本数也就越来越大，最坏的情况会导致算法无法实施。

2. 固定工作样本集算法

固定工作样本集算法是固定样本数目使其足以包含所有的支持向量，且算法计算开销控制在计算机可以容忍的限度内。迭代过程中只是将剩余样本中"部分情况最糟的样本"与工作样本集中的样本进行等量交换。即使支持向量的个数超过工作样本集的大小，也不改变工作样本集的规模[30-31]。

3. 序列最小优化算法

SMO 是固定工作样本集算法的一个极端情况，其工作样本数目为 2。需要两个样本，是因为等式线性约束的存在使得同时至少有两个拉格朗日乘子发生变化。由于只有两个变量，而且应用等式约束可以将其中一个用另一个表示出来，所以迭代过程中，每一步子问题的最优解都可以直接用解析的方法求出，这样，就避开了复杂的数值求解优化问题的过程。此外，该算法还设计了一个两层嵌套循环，分别选择进入工作样本集的样本，这种启发式策略大大加快了算法的收敛速度[32-33]。标准样本集的实验结果证明，SMO 在速度方面表现出良好性能。

4. SVM 多分类问题算法

有监督的机器学习任务通常可以归结为将各个标签分配给各个实例，其中标签的数量是有限的，该任务也被称作多分类学习[34-38]。经典支持向量机是一种典型的两类分类器，即它只回答属于正类还是负类的问题。而现实中要解决的问题，往往是多类的问题，例如，文本分类、数字识别等。如何由两类分类器得到多类分类器，这是一个值得研究的问题。例如，涉及多分类问题时，常见的方法是将多分类问题看作是一系列二分类问题来处理。其具体处理方法有"一对一（one against one）"方法和"一对多（one against rest）"方法。

"一对多"方法是研究支持向量机分类算法最早的多分类算法。它的基本思想是：首先，在第 i 类和其余 $k-1$ 类之间利用两类支持向量机构建 k 个分类超平面；然后，将第 i 个待分样本 X 分别代入上述构建的 k 个决策函数中，那么最大函数值对应的那个类为第 i 个待分样本 X 的类别。尽管该方法实现简单、高效，且分类代价小，但因训练时间较长，存在误分、拒分区域，故泛化能力比"一对一"方法的能力较差。

"一对一"支持向量机多分类算法的基本思想是：首先，对任意两类构建分类超平面，一共构建 $k(k-1)/2$ 个两分类支持向量机超平面；然后，用两分类支持向量机算法对待分类样本进行分类判断，并为相应的类别"投一票"。最后得票最多的类别即为待分类样本的类别。这使得它的训练速度和分类精度要较高于"一对多"方法。但遗憾的是，"一对一"方法的推广误差无界，而且随着分类器数目的增加，其决策速度会变得越来越慢，与"一对多"方法一样存在误分和拒分区域。

然而，这种将多分类问题割裂为多个独立的二分类问题，无法考虑到各个不同的类别之间的关系。因此，Duan 等通过引入一种损失函数构造出一种直接用支持向量机处理多分类问题的方法[39]，即多分类支持向量机。

1.3.3　SVM 方法的应用研究

贝尔实验室率先在美国邮政服务手写数字识别库研究方面应用了 SVM 方法，取得了较大的成功。在随后的几年内，有关 SVM 的应用研究得到了很多领域学者的重视[40]，例如，在人脸检测、语音识别、文字识别、图像处理及其他领域等应用研究方面取得了大量的研究成果，从最初的直接将 SVM 方法应用于模式输入的研究，发展到多种 SVM 方法联合应用研究，后来也出现了许多改进的 SVM 算法[40]。

1. 人脸识别

Osuna 等最早将 SVM 应用于人脸检测，并取得了较好的效果[41]。其方法是直接训练非线性 SVM 分类器完成人脸与非人脸的分类。由于 SVM 的训练需要大量的存储空间，并且非线性 SVM 分类器需要较多的支持向量，速度很慢。为此，马勇等[42]提出了一种层次型结构的 SVM 分类器，它由一个线性 SVM 和一个非线性 SVM 组成。检测时，由前者快速排除掉图像中绝大部分背景窗口，而后者只需对少量的候选区域做出确认；训练时，在线性 SVM 的限定下，与自举（bootstrapping）方法相结合可收集到训练非线性 SVM 的更有效的非人脸样本，简化 SVM 训练的难度。大量实验结果表明这种方法不仅具有较高的检测率和较低的误检率，而且具有较快的速度。

在人脸识别中，面部特征的提取和识别可看作是对 3D 物体的 2D 投影图像进行匹配的问题。但由于许多不确定性因素的影响，特征的选取与识别成为了一个难点。

2. 语音识别

语音识别属于连续输入信号的分类问题，SVM 是一个很好的分类器，但不适合处理连续输入样本。为此，Liu 和 Minotto 等均将隐马尔可夫模型（hidden Markov model，HMM）和 SVM 相结合，HMM 适合处理连续信号，而 SVM 适合于分类问题[43-44]；HMM 的结果反映了同类样本的相似度，而 SVM 的输出结果则体现了异类样本间的差异。为了方便 SVM 与 HMM 组成混合模型，首先将 SVM 的输出形式改为概率输出。

实验中使用某数据库，特征提取采用 12 阶的线性预测系数分析及其微分，组成 24 维的特征向量。实验结果表明 HMM 和 SVM 的结合达到了很好的效果。此外，SVM 在语音情感识别等方面也有较高的识别准确率。

3. 文本分类

文本分类的研究始于 20 世纪 60 年代，Maron 等最早采用统计的观点对文本数据进行分类探索[45-47]，20 世纪 70 年代至 80 年代末，基于专家规则的分类方法成为文本分类的主流方法，而该方法的缺点非常明显[48-49]：由于语言本身随时间与空间演变具有多重的复杂性，对于不同的语言甚至在不同时空中的同一语言规则都会发生变化，人为规则无法适应这种变化。

Mohamed 和 Joachims 在 2007 年开始便研究文本的自动分类[50-51]。自 20 世纪 90 年代机器学习方法开始兴起，其中一个重要的子领域就是分类算法，该类算法属于监督学习。采用机器学习方法进行分类的主要思想是预先给定一个数据集及对应的标签，算法根据数据进行学习，然后构建一种模型，使得模型能够对于给定的新的未知样本的类别进行有效预测，实现对数据的分类。

基于机器学习的分类方法是一种数据驱动的方法，可以自动学习数据中隐含的抽象特征，利用其进行文本分类，不再需要总结大量的人为规则，这节省大量人力物力的同时也提升了分类的准确率。

文本分类突出的应用研究是贝尔实验室的手写数字识别。贝尔实验室曾对美国邮政服务手写数字识别库进行的实验中，人工识别平均差错率是 2.5%，专门针对该特定问题设计的 5 层神经网络差错率为 5.1%（其中利用了大量先验知识），而用 3 种 SVM 方法（采用 3 种核函数）得到的差错率分别为 4.0%、4.1% 和 4.2%，且是直接采用 16×16 的字符点阵作为输入，表明了 SVM 的优越性能[52-53]。

图像识别方法主要有图像过滤、视频字幕提取、图像分类及虚拟物体图像的应用等内容。

（1）图像过滤。这种方法主要是一个对图像数据完成变换的对象方法。例如，图像过滤算法主要采用网址库的形式来封锁色情网址或采用人工智能方法对接收到的中、英文信息图像进行分析甄别。2002 年，段立娟等提出一种多层次特定类型图像过滤法，即构建综合肤色模型检验、SVM 分类和最近邻方法校验的多层次图像处理框架，该方法达到 85% 以上的准确率[54]。

（2）视频字幕提取。视频字幕可用于对相应视频流进行高级语义标注。庄越挺等提出并实践了基于 SVM 的视频字幕自动定位和提取的方法[55]。实现步骤分为：首先将原始图像分割为 $N \times N$ 的子块，并提取每个子块的灰度特征；然后使用预先训练好的 SVM 分类器进行字幕子块和非字幕子块的分类；最后结合金字塔模型和后期处理过程，实现视频图像字幕区域的自动定位和提取。

（3）图像分类。图像分类是对图像进行定量分析，把图像中的每个像元或区域对应其若干个类别中的一种，以代替人工视觉的技术。分类过程包括：首先对图像进行预处理，如提高对比度、增加视觉维数、进行空间滤波或变换等；然后利用图像亮度、色调、位置、纹理和结构等特征，根据知识和经验对图像景物类型或目标做出正确的判读和解释。

（4）虚拟物体图像的应用。目前 3D 虚拟物体图像应用越来越广泛，肖俊等[56]提出了一种基于 SVM 对相似 3D 物体识别与检索的算法。该算法实现步骤为：首先使用层次模型对 3D 图像进行三角面片数量的约减；然后提取 3D 图像的特征，特征维数较大的情况下可利用最小生成树对每一个 3D 物体进行特征约减；最后利用 SVM 实现 3D 物体的识别与检索。

1.3.4　SVM 的研究进展

在近 20 年内，SVM 的理论和实践研究都取得了较快的发展。下面列举一些 SVM 主要研究方向的重大进展。

1. 计算效率

SVM 的原始缺点之一是其训练阶段计算复杂度的代价过大，这会减弱在大型数据集上 SVM 算法的有效性。目前，这一问题正在逐步得到解决。其中：一种方法是将大的优化问题分解成一系列较小的问题，其中每个问题仅涉及几个精心挑选的变量，从而可以有效地完成优化，并将该过程迭代，直到所有分解的优化问题成功解决；另一种方法是将学习 SVM 的问题看成是找到一组实例的近似最小包围球的问题。当映射到 N 维空间时，这些实例表示可用于构造最小包围球的近似的核心集合。解决 SVM 在这些核心组上的学习问题则以非常快的速度产生良好的近似解决方案。例如，核心向量机和另外的球向量机可以在数秒钟内为数百万个数据学习 SVM。

2. 核选择

在核 SVM 中，通常需要选择核函数来满足 Mercer 定理。因此，通用核函数涉及三种类型，即 S 形核函数、多项式核函数和径向基函数，有时可能限制核映射的适用性[57-58]。最近，Pekalska 等提供了一种基于一般接近度关系映射设计核函数的新颖视角[59]。新的核函数不需要满足 Mercer 的条件，也不仅限于一个特征空间，并且通过实验证明比通用的 Mercer 核具有更好的分类性能。然而，新的广义核的理论基础还需要进一步的研究。此外，另一种方法是考虑多个核的多核学习，通过组合可以获得更好的效果。这与使用核的组合非常相似，主要通过设置正确的目标函数，更好地选择核参数以允许混合核。

3. 泛化分析

我们习惯于使用 VC 维理论来估计算法泛化误差的范围。然而，限制涉及不依赖于训练数据的固定复杂度惩罚，因此不能使其成为普遍有效的。为了解决这个问题，Anderson 和 Rezgui 等展示了非常大的高斯混合模型在高维上是可有效学习的一种聚类算法[60-61]。更准确地说，只要满足均值上的某个非简并条件，具有已知相同协方差矩阵的混合矩阵，其分量数是维度 n 中任意固定次数的多项式，则是多项式可学习的。值得注意的是，Rademacher 复杂度的界限只涉及由具体的训练数据确定的相应核心矩阵的轨迹。它比传统的 VC 维的可行性更高，如可以控制分类器的复杂度，并估算广义性能。

4. 结构 SVM 学习

间隔最大化是 SVM 算法的初始动机。因此，SVM（SVC）通常将重点放在样本之间的可分离性上，但不充分利用类中的先前数据分布信息[62]。没有免费午餐定理表明，不存在一种模式分类方法，其本质上优于任何其他方式，甚至不使用附加信息进行随机猜测。事实上，对应于不同的现实问题，不同的类可能有不同的底层数据结构。分类器应调整判别间隔，以适应对分类至关重要的结构，特别是对于分类器的泛化能力。然而，传统的 SVM 并不区分结构，导出的决策超平面在支持向量的中间是无偏差的，这可能导致真实世界中的非最优分类器。

最近，文献[63-66]中开发的一些算法，比传统的 SVM 更多地关注结构信息。它们提供一种设计分类器的新颖视图，分类器对数据分布的结构敏感。这些算法主要分为两种方法：第一种方法是通过多元学习，它假设数据实际上存在于输入空间中的子流形上，最典型的算法涉及拉普拉斯支持向量机（Laplace support vector machine，LapSVM），我们可以通过每个类中的拉普拉斯算子来构造 LapSVM；第二种方法是通过利用聚类算法假设数据包含几个拥有先前分布信息的聚类。这个假设比多元化的假设更为普遍，这实际上导致了几种流行的大间隔分类器。其中的一种方法被称为结构化最大间隔分类器（structured large margin machines，SLMM）[67]。SLMM 首先应用聚类技术来捕获不同类中的结构信息。然后使用马哈拉诺比斯距离作为从样本到决策超平面的距离度量，而不是传统的欧几里得距离，将所涉及的结构信息引入约束中。一些流行的大间隔分类器，如支持向量机最小最大概率机（minmax probability machine，MPM）[68-69]和最大间隔分类器（M^4）都可以看作是 SLMM 的特殊情况。实际上，SLMM 已经表现出很好的分类性能。然而，由于 SLMM 的优化问题被描述成二阶锥规划（second-order cone programming，SOCP）而不是 SVM 中的 QP 问题，与传统的 SVM 相比，SLMM 在训练时间上的计算成本要高得多。此外，大规模或多类问题不容易被普遍化。因此，在文献[70]中开发了一种使用内核进行结构化输出的新颖结构支持向量机，以利用 SVM 的经典框架，而不是作为 SLMM 中的约束。结果表明，相应的优化问题仍然可以通过 QP 在 SVM 中解决,并且保持解决方案稀疏度和可扩展性。此外,在 SVM 和 SLMM 中,光滑支持向量机(smooth support vector machine,SSVM)在泛化方面的理论和经验已被证明是更好的。

1.3.5　软件实现

实现 SVM 算法的著名软件有 LibSVM 软件和 SVM-light 软件。下面分别进行介绍。

LibSVM 软件不仅提供 Windows 系统中使用的编译器语言,还提供易于改进、修改和应用于其他操作系统的 C ++和 Java 源代码。特别地,与其他软件相比,LibSVM 软件在 SVM 算法中涉及的可调参数相对较少,并提供了大量的默认参数来有效解决实际的应用问题。

SVM-light 软件是 C 语言的另一个实现。它采用基于最快可行下降的有效集合选择技术,以及核评估的两个有效计算策略"收缩"和"缓存"。SVM-light 软件主要包括两个 C 语言程序:SVM 学习,用于学习训练样本和训练相应的分类器;SVM 分类,用于对测试样本进行分类。该软件还提供了一种用于评估泛化性能的有效估计方法:XiAlpha 估计,该方法基本上不计算费用,几乎无偏见。

此外,还有许多完整的机器学习工具箱包括 SVM 算法,如 Torch(C ++)、Spider(在 MATLAB 中)和 Weka(在 Java 中),读者都可以很容易地掌握。

1.3.6　本章小结

以统计学习理论作为坚实的理论依据,SVM 有很多优点[71-73],如基于结构风险最小化,克服了传统方法的过拟合(overfitting)和陷入局部最值的问题,具有很强的泛化能力。采用核函数方法,向高维空间映射时并不增加计算的复杂性,又有效地克服了维数灾难(curse of dimensionality)问题[74-75]。随着学者们对支持向量机理论方法的扩展[76-79],适应大训练数据的支持向量机方法的研究[80-82],支持向量机的应用研究也得到了空前的发展。如行为数据的识别[83]、(非)因果相关变量的识别[84]、模式识别的拓展[85-87]、多脚本手写字体的识别[88]、基于相关特征的文本分类[89]、浅层语义分析[90]、医疗方法治疗效果的检测[91]、地形数据监测[92]等方面都取得了较为优秀的成果,支持向量的实训指导教程陆续得到完善[93-94]。但同时也要看到目前 SVM 在预测研究领域还存在一些局限性。

(1)SVM 的性能很大程度上依赖于核函数的选择,但没有很好的方法指导针对具体问题的核函数选择[66]。

(2)训练测试 SVM 的速度和规模是另一个问题,尤其是对实时控制问题,速度是一个对 SVM 应用的很大限制因素。针对这个问题,Shahbudin 和 Platt 等分别提出 SMO 和改进的 SMO 方法,后来还得到了相关学者的进一步研究[28, 30, 31]。

（3）现有 SVM 理论仅讨论具有固定惩罚系数 C 的情况，而实际上正负样本的两种误判往往造成损失是不同的[78]。

（4）显然，SVM 在实际应用中表现出的性能由特征提取的质量和 SVM 的分类性能两方面决定：特征提取是获得好的分类的基础，对于分类性能，还可以结合其他方法进一步提高，本书已经给出多个实例。另外，Platt 提出 SVM 的概率输出方法和正则化似然方法进行了比较[95]，后来，Lin 等对 Platt 提出的 SVM 概率输出方法的研究也推动了 SVM 的发展[96]。

针对目前的应用研究状况，尽管支持向量机的应用研究已经很广泛，但随着卷积神经网络的深入研究，可以相信基于特权信息的支持向量机的理论和应用会有很大研究愿景。

第 2 章

灰色系统基本原理

2.1 灰色系统理论的产生与发展

1981 年，华中科技大学（原华中工学院）邓聚龙教授在上海"中-美控制系统学术年会"的报告中首次提出"灰色系统"的概念。1982 年，北荷兰出版公司出版的《系统与控制通讯》（*Systems & Control Letters*）杂志上刊载了邓聚龙教授的第一篇介绍灰色系统理论论文《灰色系统的控制问题》（The Control Problems of Grey Systems）[97]；同年，《华中工学院学报》刊载了邓聚龙教授的第一篇中文灰色系统论文《灰色控制系统》[98]。这两篇开创性论文的公开发表，标志着灰色系统理论这一新兴横断学科及研究方向的问世。1985 年灰色系统研究会成立，国内外学者的积极参与使得灰色系统领域的研究迅速发展起来。1989 年中文版《灰色系统论文集》由华中理工大学出版社出版；同年，英文版国际刊物 *The Journal of Grey System* 杂志正式创刊。目前，国内外 300 多种期刊上都发表过灰色系统方面的相关论文，许多中青年学者纷纷加入灰色系统理论研究行列，以极大的热情开展理论探索，在不同领域中开展应用研究工作。其中，刘思峰和张大海等对灰色系统理论进行了系统和扩展研究[99-101]。灰色系统理论的应用研究已延伸到工业、农业、社会、经济、能源、地质、石油等许多研究领域，相关研究成果成功地解决了大量社会生产、社会生活及科学研究等领域中的现实问题[102-103]，使其在很短的时间内奠定了灰色系统理论的学术地位，其研究发展前景也得到社会各界所认识。例如，Xiao 将灰色理论应用于入侵检测[104]，Peng 等将灰色理论应用于石油勘探开发及天然气储量估计等[105]。

2.2 灰色系统简介

2.2.1 不确定方法

模糊数学、概率统计和灰色系统理论是三种最常用的不确定系统方法。其研究对象的某种不确定属性是它们共同的特点，也正是研究对象存在不确定性的区别，形成了这三种各具研究特点的不确定性学科。

模糊数学着重研究"认识的不确定"问题，其研究对象具有"内涵确定，外延不确定"的特点。例如"经济发达地区"的概念其内涵是确定，但要划定一个确定的范围，只有在这个范围内才被确定为经济发达地区，在此范围外就不是经济发达地区，则很难准确界定这个范围。

概率统计研究的是"不确定的随机现象"问题，它研究的是发生的结果具有多种可能性的"随机不确定"现象，但每一种可能的结果发生的可能性大小是相等的。它需要研究的对象具有大样本，且假定其分布需要服从某一特定的分布规律。

灰色系统理论侧重研究概率统计、模糊数学都难以解决的"小样本，少信息"的不确定性问题，即研究"外延确定，内涵不确定"的现象。假如到 2035 年，我国实现经济总量和人均收入水平翻一番，即以国内生产总值为引领，带动人均 GDP、全员劳动生产率、居民人均收入、居民人均消费支出，按不变价格比 2020 年翻一番。这"翻一番"就是一个灰概念，其外延是确定的，但具体数值则不确定。

2.2.2 灰色系统的基本概念

定义 2.2.1 全部信息确定的系统称为**白色系统**。

定义 2.2.2 全部信息不确定的系统称为**黑色系统**。

定义 2.2.3 部分信息确定的系统称为**灰色系统**。

2.2.3 灰色系统理论的基本原理

灰色系统理论是一门新兴学科体系。经过 30 多年的研究与发展，其主要研究内容包括以下 6 个公理以及灰色代数系统、灰色方程及灰色矩阵等理论。

公理 2.2.1 （差异信息原理）"差异"是信息，所有信息都存在着差异。

公理 2.2.2 （解的非唯一性原理）任何信息不完全，不确定对象的解是非唯一的。

公理 2.2.3 （最少信息原理）灰色系统理论的特点是充分利用研究对象所具有的"最少信息"。

公理 2.2.4 （认知根据原理）信息是认知的根据。

公理 2.2.5 （新信息优先原理）新信息对认知的作用大于旧信息。

公理 2.2.6 （灰性不灭原理）信息的不完全是绝对的。

灰色系统是以灰色序列生成作为方法体系，以灰色关联空间作为分析体系，以灰色模型（grey models，GM）为模型体系的核心，以系统分析、评估、建模、预测、决策、控制、优化为主体的技术体系。

2.2.4 灰数

灰数是灰色系统理论的基本"单元"或"细胞"。我们通常将只知道大概范围而不知道其精确数值的数称为灰数。在实际应用中，灰数是指介于某个区间或某个数集内，且取值不确定的数。灰数通常用记号"$\otimes$"表示。灰数还有如下概念。

（1）灰数的下界。有下界而无上界的灰数记为 $\otimes \in [\underline{n}, \infty)$，其中 $\underline{n}$ 是灰数 $\otimes$ 的下

确界，是确定的数，称$[\underline{n}, \infty)$为$\otimes$的取数域，简称$\otimes$的灰域。

（2）灰数的上界。有上界而无下界的灰数记为$\otimes \in [-\infty, \overline{n}]$，其中$\overline{n}$是灰数$\otimes$的上确界，是确定的数。

（3）区间灰数。既有下界又有上界的灰数称为区间灰数，记为$\otimes \in [\underline{n}, \overline{n}]$。

（4）连续灰数与离散灰数。可取区间内所有连续实数的灰数称为连续灰数，只能在区间内取离散值的灰数称为离散灰数。

（5）黑数与白数。当$\otimes \in (-\infty, +\infty)$时，称$\otimes$为黑数；当$\otimes \in [\underline{n}, \overline{n}]$且$\underline{n} = \overline{n}$时，称$\otimes$为白数。

（6）本征灰数与非本征灰数。本征灰数是指不能或暂时未能找到一个白数作为其"代表"的灰数，比如某个研究对象的事先预测值、宇宙的总能量等。非本征灰数是指凭先验信息或某种手段，可以找到一个白数作为其"代表"的灰数。我们称此白数为相应灰数的白化值。

2.3 序列算子与灰色序列生成

灰色系统理论的主要任务之一，是根据社会、经济、生态等系统的行为特征数据，寻找不同系统变量之间或某些系统变量自身的数学关系和变化规律。

灰色系统理论认为，任何客观系统的行为都可以使用数据来描述，但行为的复杂性导致描述系统的数据凌乱，当然这些数据总是呈现出某些整体的规律性，有时甚至需要对这些数据进行挖掘与整理。那么，选择适当的方法挖掘它和利用它就非常必要了。灰色系统理论是通过对原始数据的挖掘与整理，寻找出研究对象的变化规律，这种利用数据寻找数据对应的现实规律方法称为**灰色序列生成**。比如：任何灰色序列都能通过某种生成弱化其随机性，显现其明显的规律性。

例如，考虑 4 个数据，记为$S^{(0)}(1), S^{(0)}(2), S^{(0)}(3), S^{(0)}(4)$，如表 2.1 所示。

表 2.1 4 个数据的序列

序号	符号	数据
1	$S^{(0)}(1)$	1
2	$S^{(0)}(2)$	1.8
3	$S^{(0)}(3)$	1.3
4	$S^{(0)}(4)$	3

将表 2.1 中的数据连接成折线图可得到图 2.1。

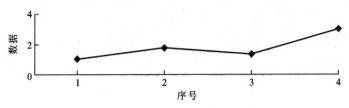

图 2.1 4 个原始数据的数据折线图

图 2.1 表明原始数据 $S^{(0)}$ 没有明显的规律性,其发展态势是摆动的。如果将原始数据作累加生成,记第 K 个累加生成为 $S^{(1)}(K)$,并且

$$S^{(1)}(1) = S^{(0)}(1) = 1$$
$$S^{(1)}(2) = S^{(0)}(1) + S^{(0)}(2) = 1 + 1.8 = 2.8$$
$$S^{(1)}(3) = S^{(0)}(1) + S^{(0)}(2) + S^{(0)}(3) = 1 + 1.8 + 1.3 = 4.1$$
$$S^{(1)}(4) = S^{(0)}(1) + S^{(0)}(2) + S^{(0)}(3) + S^{(0)}(4) = 1 + 1.8 + 1.3 + 3 = 7.1$$

得到的数据如表 2.2 所示。

表 2.2 4 个原始数据的累加生成

序号	符号	数据
1	$S^{(1)}(1)$	1
2	$S^{(1)}(2)$	2.8
3	$S^{(1)}(3)$	4.1
4	$S^{(1)}(4)$	7.1

由图 2.2 可知,经过 1 次累加生成的数列 $S^{(1)}$ 是单调递增数列。

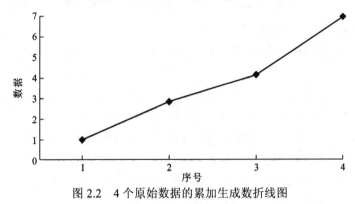

图 2.2 4 个原始数据的累加生成数折线图

2.3.1 冲击扰动系统与序列算子

定义 2.3.1 设 $S^0 = (s^0(1), s^0(2), \cdots, s^0(n))$ 为描述系统行为的真实数据序列,也称为

数据序列。

$S = (s(1), s(2), \cdots, s(n)) = (s^0(1) + \varepsilon_1, s^0(2) + \varepsilon_2, \cdots, s^0(n) + \varepsilon_n) = S^0 + \varepsilon$ 为系统行为的观测数据序列。其中：$\varepsilon = (\varepsilon_1, \varepsilon_2, \cdots, \varepsilon_n)$ 为冲击扰动项（干扰项）；S 称为冲击扰动序列。

灰色系统希望从 $S \to S^0$ 挖掘出行为系统的规律，即扰动还原真实。

2.3.2 缓冲算子的定义和性质

定义 2.3.2 设系统行为数据序列为 $S = (s(1), s(2), \cdots, s(n))$：

（1）若 $\forall i = 2, 3, \cdots, n, s(i) - s(i-1) > 0$，则称 S 为单调增长序列；

（2）若 $\forall i = 2, 3, \cdots, n, s(i) - s(i-1) < 0$，则称 S 为单调递减序列；

（3）若 $\exists i_1 \neq i_2 \in \{2, 3, \cdots, n\}, s(i_1) - s(i_1 - 1) > 0, s(i_2) - s(i_2 - 1) < 0$，则称 S 为随机振荡序列；

（4）设 $M = \max\{s(i) \mid i = 1, 2, 3, \cdots, n\}, m = \{s(j) \mid j = 1, 2, 3, \cdots, n\}$，则称 $M\text{-}m$ 为数据序列 S 的振幅。

定义 2.3.3 设 $S = (s(1), s(2), \cdots, s(n))$ 为系统行为的数据序列，D 为作用于数据序列 S 的算子，S 经过算子 D 运算后所得的序列记为

$$SD = (s(1)d, s(2)d, \cdots, s(n)d)$$

其中：D 为数据序列算子；SD 为一阶算子作用数据序列。

数据序列算子可以使用多次。相应地，若 D_1, D_2, D_3 都是数据序列算子，称 $D_1 D_2$ 为二阶数据序列算子，并称 $SD_1 D_2 = (s(1)d_1 d_2, s(2)d_1 d_2, \cdots, s(n)d_1 d_2)$ 为二阶算子作用数据序列。同理，$D_1 D_2 D_3$ 为三阶数据序列算子，$\cdots$，$D_1 D_2 \cdots D_n$ 为 n 阶数据序列算子。

公理 2.3.1 （不动点公理）设 $S = (s(1), s(2), \cdots, s(n))$ 为系统行为的数据系列，D 为序列算子，则 D 必定满足 $s(n)d = s(n)$。也就是说，在序列算子作用下，不动点公理限定系统行为数据序列的数据项 $s(n)$ 不变。

公理 2.3.2 （部分不动点公理）设 $S = (s(1), s(2), \cdots, s(n))$ 为系统行为的数据系列，D 为序列算子，则 D 必定满足 $s(i)d \neq s(i)$ 且 $s(j)d = s(j)$。其中，$i = 1, 2, \cdots, m-1$，$j = m, m+1, \cdots, n$。也就是说，在序列算子作用下，部分不动点公理仅仅限定系统行为数据序列的数据项 $s(n)$ 及其之前的若干项数据在序列算子作用下保持不变。

公理 2.3.3 （信息全利用公理）系统行为的数据序列 S 中的每一项数据 $x(i)$ $(i = 1, 2, \cdots, n)$ 都必须参与算子 D 运算的全过程。

公理 2.3.4 （解析化公理）数据序列算子 SD 中的任意一项 $s(i)d$ $(i = 1, 2, \cdots, n)$ 均可由 $s(1), s(2), \cdots, s(n)$ 表示成一个初等解析式。

定义 2.3.4 可称公理（2.3.1）～公理（2.3.3）为缓冲算子公理，满足缓冲算子公理的数据序列算子 D 称为缓冲算子，一阶，二阶，三阶，$\cdots$，n 阶缓冲算子作用的数据序列称为一阶，二阶，三阶，$\cdots$，n 阶缓冲序列。

定义 2.3.5 设 S 为原始数据序列，D 为缓冲算子：

（1）当 S 分别为增长序列时，若缓冲序列 SD 比原始序列 S 的增长速度（或衰减速度）减缓或振幅减小，则称缓冲算子 D 为弱化算子；

（2）当 S 分别为衰减序列或振荡序列时，若缓冲序列 SD 比原始序列 S 的增长速度（或衰减速度）加快或振幅增大，则称缓冲算子 D 为强化算子。

2.3.3　缓冲算子构造

定理 2.3.1　设系统行为数据序列 $S = (s(1), s(2), \cdots, s(n))$，缓冲序列为
$$SD = (s(1)d, s(2)d, \cdots, s(n)d)$$
其中
$$s(i)d = \frac{1}{n-i+1}[s(i) + s(i+1) + \cdots + s(n)] \quad (i = 1, 2, \cdots, n)$$
则当 S 为增长序列、衰减序列或振荡序列时，D 为弱化算子，也称为平均弱化缓冲算子。

证明：直接利用 $s(i)d \ (i = 1, 2, \cdots, n)$ 的定义，可知定理成立。

推论 2.3.1　对于定理 2.3.1 中定义的弱化算子 D，令
$$SD^2 = SDD = (s(1)d^2, s(2)d^2, \cdots, s(n)d^2)$$
其中
$$s(i)d^2 = \frac{1}{n-i+1}[s(i)d + s(i+1)d + \cdots + s(n)d] \quad (i = 1, 2, \cdots, n)$$
则当 S 为增长序列、衰减序列或振荡序列时，D^2 皆为二阶弱化算子。

定理 2.3.2　设原始序列为 $S = (s(1), s(2), \cdots, s(n))$，其缓冲算子序列为
$$SD = (s(1)d, s(2)d, \cdots, s(n)d)$$
其中
$$s(i)d = \frac{s(1) + s(2) + \cdots + s(i-1) + s(i)}{2i-1} \quad (i = 1, 2, \cdots, n-1)$$
$$s(n)d = s(n)$$
则当 S 为增长序列、衰减序列或振荡序列时，D 为强化算子。

推论 2.3.2　设 D 为定理 2.3.2 中定义的强化算子，令
$$SD^2 = SDD = (s(1)d^2, s(2)d^2, \cdots, s(n)d^2)$$
其中
$$s(i)d^2 = \frac{s(1)d + s(2)d + \cdots + s(i-1)d + s(i)d}{2i-1} \quad (i = 1, 2, \cdots, n-1)$$
$$s(n)d^2 = s(n)d = s(n)$$
则 D^2 对于增长序列、衰减序列或振荡序列皆为二阶强化算子。

定理 2.3.3　原始数据序列 $S = (s(1), s(2), \cdots, s(n))$，其缓冲算子序列为
$$SD = (s(1)d, s(2)d, \cdots, s(n)d)$$

其中

$$s(i)d = \frac{ks(i)+(i+1)s(i+1)+\cdots+ns(n)}{(n+i)(n-i+1)/2} \quad (i=1,2,\cdots,n)$$

则当 S 为增长序列、衰减序列或振荡序列时，D 为弱化算子，并称 D 为加权平均弱化缓冲算子。

定理 2.3.4 设 $S=(s(1),s(2),\cdots,s(n))$ 为非负的系统行为数据序列，令

$$SD = (s(1)d,s(2)d,\cdots,s(n)d)$$

其中

$$s(i)d = [s(i)\cdot s(i+1)\cdot\cdots\cdot s(n)]^{\frac{1}{n-i+1}} = \left[\prod_{j=i}^{n} s(j)\right]^{\frac{1}{n-i+1}} \quad (i=1,2,\cdots,n)$$

则当 S 为增长序列、衰减序列或振荡序列时，D 为弱化缓冲算子，并称 D 为几何平均弱化缓冲算子。

定理 2.3.5 设 $S=(s(1),s(2),\cdots,s(n))$ 为系统行为数据序列，各时点的权重向量为 $\omega=(\omega_1,\omega_2,\cdots,\omega_n)$，则

$$SD = (s(1)d,s(2)d,\cdots,s(n)d)$$

其中

$$s(i)d = \frac{\omega_k s(i)+\omega_{i+1}s(i+1)+\cdots+\omega_n s(n)}{\omega_i+\omega_{i+1}+\cdots+\omega_n} \quad (i=1,2,\cdots,n)$$

则当 S 为增长序列、衰减序列或振荡序列时，D 皆为弱化缓冲算子，并称 D 为加权平均弱化缓冲算子。

定理 2.3.6 设 $S=(s(1),s(2),\cdots,s(n))$ 为系统行为数据序列，各时点的权重向量为 $\omega=(\omega_1,\omega_2,\cdots,\omega_n)>0$，则

$$SD = (s(1)d,s(2)d,\cdots,s(n)d)$$

其中

$$s(i)d = [s^{\omega_i}(i)\cdot s^{\omega_{i+1}}(i+1)\cdot\cdots\cdot s^{\omega_n}(n)]^{\frac{1}{\omega_i+\omega_{i+1}+\cdots+\omega_n}} = \left[\prod_{j=i}^{n} s(j)\right]^{\frac{1}{\omega_i+\omega_{i+1}+\cdots+\omega_n}} \quad (i=1,2,\cdots,n)$$

则当 S 为增长序列、衰减序列或振荡序列时，D 皆为弱化缓冲算子，并称 D 为加权几何平均弱化缓冲算子。

定理 2.3.7 设 $S=(s(1),s(2),\cdots,s(n))$ 为系统行为数据序列，令

$$SD = (s(1)d,s(2)d,\cdots,s(n)d)$$

其中

$$s(i)d = \frac{(n-i+1)s^2(i)}{s(i)+s(i+1)+\cdots+s(n)} \quad (i=1,2,\cdots,n)$$

则当 S 为增长序列、衰减序列或振荡序列时，D 为强化缓冲算子，并称 D 为平均强化缓冲算子。

定理 2.3.8 设 $S=(s(1),s(2),\cdots,s(n))$ 为非负的系统行为数据序列，令

$$SD = (s(1)d, s(2)d, \cdots, s(n)d)$$

其中

$$s(i)d = \frac{s^2(i)}{[s(i) \cdot s(i+1) \cdot \cdots \cdot s(n)]^{\frac{1}{n-i+1}}} = \frac{s^2(i)}{\left[\prod_{j=i}^{n} s(j)\right]^{\frac{1}{n-i+1}}} \quad (i = 1, 2, \cdots, n)$$

则当 S 为增长序列、衰减序列或振荡序列时，D 为强化缓冲算子，并称 D 为几何平均强化缓冲算子。

除以上列举的部分缓冲算子，还可以考虑构造其他形式的实用缓冲算子。缓冲算子不仅可以用于灰色系统建模，还可以用于其他各种模型建模。通常在建模之前根据定性分析结论对原始数据序列施以缓冲算子、淡化或消除冲击扰动对系统行为数据序列的影响，往往会收到预期的效果。

例 2.3.1　某油田的石油生产量（2017～2020 年）为
$$S = (101.50, 135.80, 235.00, 356.80)$$
单位：万桶。产量增长趋势较大，2017～2020 年每年平均递增 52.9%，2018～2020 年的年平均递增更是高达 62.46%。但是，油田生产单位却认为今后石油生产量不可能一直保持这么高的增长速度。因为，油田企业认识到高速增长的主要原因是 2017 年产量较低，而其原因是企业生产设备需要更新。那么，要弱化序列增长趋势，就要将油田企业石油生产的现行影响因素附加到过去的年份中，为此，引进推论 2.3.1 所示的二阶弱化算子，得二阶缓冲序列：
$$XD^2 = (275.67, 298.46, 326.41, 356.88)$$
用 XD^2 建模预测得，2017～2020 年该油田石油生产量每年平均递增 8.97%，这是该油田 2021 年的实际石油产量，显然，这一结论与该油田的石油生产量发展规划是吻合的。

2.3.4　均值生成算子

在收集数据时，常因一些不易克服的困难导致数据序列出现空缺（也称空穴），有些数据序列虽然完整，但由于系统行为在某个时点上发生突变而形成异常数据，剔除异常数据就会留下空穴，如何填补空穴，自然成为数据处理过程中首先遇到的问题，均值生成是常用的构造新数据，填补原序列空穴，生成新序列的方法。

定义 2.3.6　设序列 S 在第 i 个序位出现空缺，记为 $\varnothing(i)$，即
$$S = (s(1), s(2), \cdots, s(i-1), \varnothing(i), s(i+1), \cdots, s(n))$$
则称 $s(i-1)$ 和 $s(i+1)$ 为 $\varnothing(i)$ 的界值，$s(i-1)$ 为前界，$s(i+1)$ 为后界。当 $\varnothing(i)$ 是由 $s(i-1)$ 和 $s(i+1)$ 生成时，称生成值 $s(i)$ 为 $[s(i-1), s(i+1)]$ 的内点。

定义 2.3.7　设序列 S 为第 i 序位有空缺 $\varnothing(i)$ 的序列，即
$$S = (s(1), s(2), \cdots, s(i-1), \varnothing(i), s(i+1), \cdots, s(n))$$

而且
$$\varnothing(i)=s^*(i) = 0.5 \cdot s(i-1) + 0.5 \cdot s(i) \quad (i = 2, \cdots, n)$$
称为非紧邻均值生成数，所得序列 S 称为非紧邻生成序列。

定义 2.3.8 设序列 $S = (s(1), s(2), \cdots, s(n))$ ，若 $s^*(i) = \dfrac{1}{2}[s(i-1) + s(i)] \, (i = 2, \cdots, n)$ ，则称 $s^*(i)$ 为紧邻生成数，由紧邻生成数构成的序列称为紧邻均值生成序列。

2.3.5 序列的光滑性

定义 2.3.9 设序列 $S = (s(1), s(2), \cdots, s(n), s(n+1))$ ， U 是 S 的均值生成序列：
$$U = (u(1), u(2), \cdots, u(n))$$
其中

$$u(i) = \frac{1}{2}[s(i-1) + s(i)] \quad (i = 2, \cdots, n)$$

S^* 是某一可导函数的代表序列，将 S 删去 $s(n+1)$ 后所得的序列仍记 S ，若 S 满足条件：

（1）当 i 充分大时，则 $s(i) < \sum\limits_{j=1}^{i-1} s(j)$ ；

（2） $\max\limits_{1 \le i \le n} \left| s^*(i) - s(i) \right| \ge \max\limits_{1 \le i \le n} \left| s^*(i) - u(i) \right|$ ；

则称 S 为光滑序列，条件（1）和条件（2）为序列光滑条件。

定义 2.3.10 设序列 $S = (s(1), s(2), \cdots, s(n))$ ，称

$$\rho(i) = \frac{s(i)}{\sum\limits_{j=1}^{i-1} s(j)} \quad (i = 2, \cdots, n)$$

为序列 S 的光滑比。

定义 2.3.11 若序列 S 满足：

（1） $\dfrac{\rho(i+1)}{\rho(i)} < 1 \, (i = 2, 3, \cdots, n-1)$ ；

（2） $\rho(i) \in [0, \varepsilon] \, (i = 3, 4, \cdots, n)$ ；

（3） $\varepsilon < 0.5$ ；

则称 S 为准光滑序列。

2.3.6 级比生成算子

定义 2.3.12 设序列 $S = (s(1), s(2), \cdots, s(n))$ ，则称

$$\sigma(i) = \frac{s(i)}{s(i-1)} \quad (i = 2, 3, \cdots, n)$$

为序列 S 的级比。

2.3.7　累加生成算子和累减生成算子

累加生成是使灰色过程由灰变白的一种方法，它在灰色系统理论中占有极其重要的地位。通过累加可以看出灰量积累过程的发展态势，使离乱的原始数据中蕴含的积分特性或规律充分显露出来。

定义 2.3.13　设序列 $S^0 = (s^0(1), s^0(2), \cdots, s^0(n))$，$D$ 为序列算子

$$S^0 D = (s^0(1)d, s^0(2)d, \cdots, s^0(n)d)$$

其中

$$s^0(i)d = \sum_{j=1}^{i} s^0(j) \quad (i=1,2,3,\cdots,n)$$

则称 D 为 S^0 的一次累加生成算子（accumulated generating operator，AGO），记为 1-AGO，称 r 阶算子 D^r 为 S^0 的 r 次累加生成算子，记为 r-AGO。

习惯上，记为

$$S^0 D = S^1 = (s^1(1), s^1(2), \cdots, s^1(n))$$
$$S^0 D^r = S^r = (s^r(1), s^r(2), \cdots, s^r(n))$$

其中：$s^r(i)d = \sum_{j=1}^{i} s^{r-1}(j) \ (i=1,2,3,\cdots,n)$。

定义 2.3.14　设序列 $S^0 = (s^0(1), s^0(2), \cdots, s^0(n))$，$D$ 为序列算子，若

$$S^0 D = (s^0(1)d, s^0(2)d, \cdots, s^0(n)d)$$

其中

$$s^0(i)d = s^0(i) - s^0(i-1) \quad (i=1,2,\cdots,n)$$

则称 D 为 S^0 的一次累减生成算子，记为 1-IAGO，称 r 阶算子 D^r 为 S^0 的 r 次累减生成算子，记为 r-IAGO。

2.3.8　灰指数律

定义 2.3.15　设序列 $S = (s(1), s(2), \cdots, s(n))$，若对于：

（1）$s(i) = ce^{ai}; c,a \neq 0; i=1,2,\cdots,n$，则称 S 为齐次指数序列；

（2）$s(i) = ce^{ai}; c,a,b \neq 0; i=1,2,\cdots,n$，则称 S 为齐次指数序列。

定义 2.3.16　设序列 $S = (s(1), s(2), \cdots, s(n))$，若

（1）$\forall i, \omega(i) = \dfrac{s(i)}{s(i-1)} \in (0,1]$，则称序列 S 具有负的灰指数律；

（2）$\forall i, \omega(i) = \dfrac{s(i)}{s(i-1)} \in (1,b]$，则称序列 S 具有正的灰指数律；

（3） $\forall i, \omega(i)=\dfrac{s(i)}{s(i-1)}\in[a,b]$, $b-a=\delta$ ，则称序列 S 具有绝对灰度为 δ 的灰指数律；

（4） $\delta<0.5$ 时，称 S 具有准指数律。

定理 2.3.9 设序列 $S^0=(s^0(1),s^0(2),\cdots,s^0(n))$ 为非负准光滑序列，则 S^0 的一次累加生成序列 S^1 具有准指数律。

注意：虽然定理 2.3.9 是灰色系统建模的理论基础，但在实际应用中需要根据具体数据所具备的属性合理、科学地使用。

2.4 灰色关联分析

一般的灰色系统，如社会系统、工业系统、农业系统、生态系统等都会受到各种因素的影响，这些因素共同决定着该灰色系统的变化趋势。显然，我们常常希望知道在这些影响因素中，哪些因素起主要作用，哪些因素起次要作用。也就是说哪些因素对该系统发展趋势的影响大，哪些因素对该系统发展趋势的影响小，哪些因素对该系统发展趋势起推动作用，哪些因素对该系统发展趋势起相反的作用等。

目前，对系统进行特征分析的主要方法有：回归分析、方差分析、主成分分析等。但这些方法都是数理统计中的分析方法，往往需要大量数据样本，且必须服从某个特定的分布规律。遗憾的是灰色系统不一定满足这些分析方法所必须具备的条件。于是，为弥补这一遗憾，邓聚龙先生提出了灰色关联分析方法，该方法对样本量的数量和样本的规律不敏感，而且计算量小，十分方便，并且量化的结果与定性分析的结果关联度非常高。

灰色关联分析的基本思想是根据序列曲线变化趋势的相似程度来判断其关联紧密程度。曲线变化趋势越相似，相应序列之间的关联度就越大，反之就越小。

例如，某经济开发区的工业总产值 S_0、旅游业总产值 S_1、文化娱乐业总产值 S_2 和餐饮业总产值 S_3，从 2017～2020 年的统计数据如下：

$$S_0=(20,24,31,45,39,46)$$
$$S_1=(10,15,17,17,24,29)$$
$$S_2=(3,2,7,8,10,7)$$
$$S_3=(5,7,7,10,5,10)$$

从图 2.3 可以直观地看出，与文化娱乐业总产值收入曲线变化趋势最相似的是餐饮业总产值收入曲线，而旅游业总产值收入曲线和工业总产值曲线与文化娱乐业总产值收入曲线的变化趋势存在较大差异。因此我们可以说该经济开发区在注重工业生产的同时，文化娱乐业也发展较为顺利，旅游业仍然存在一定的发展空间。

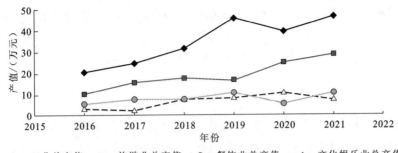

图 2.3　某经济开发区 4 种产业产值散点图

2.4.1　灰色关联因素和关联算子集

灰色系统的分析，首先是选择系统行为的所有特征行为，然后明确影响系统行为的有效影响因素。如要进行量化研究分析时，则根据需要对系统行为特征和各有效因素进行处理，通过算子作用，将这些影响因素的数据化为数量级大体相近的数据，并将负相关因素转化为正相关因素。

定义 2.4.1　设 $S_j = (s_j(1), s_j(2), \cdots, s_j(n))$ 为因素 S_j 的行为序列，D_1 为序列算子，且

$$S_j D_1 = (s_j(1)d_1, s_j(2)d_1, \cdots, s_j(n)d_1)$$

其中

$$s_j(i)d_1 = \frac{s_j(i)}{s_j(1)}, \qquad s_j(1) \neq 0 \quad (i = 1, 2, \cdots, n)$$

则称 D_1 为初值化算子。$S_j D_1$ 为 S_j 在初值化算子 D_1 下的像，简称初值像。

定义 2.4.2　设 $S_j = (s_j(1), s_j(2), \cdots, s_j(n))$ 为因素 S_j 的行为序列，D_2 为序列算子，且

$$S_j D_2 = (s_j(1)d_2, s_j(2)d_2, \cdots, s_j(n)d_2)$$

其中

$$s_j(i)d_2 = \frac{s_j(i)}{\dfrac{1}{n}\displaystyle\sum_{i=1}^{n} s_j(i)} \quad (i = 1, 2, \cdots, n)$$

则称 D_2 为均值化算子。$S_j D_2$ 为 S_j 在均值化算子 D_2 下的像，简称均值像。

定义 2.4.3　设 $S_j = (s_j(1), s_j(2), \cdots, s_j(n))$ 为因素 S_j 的行为序列，D_3 为序列算子，且

$$S_j D_3 = (s_j(1)d_3, s_j(2)d_3, \cdots, s_j(n)d_3)$$

其中

$$s_j(i)d_3 = \frac{s_j(i) - \min\limits_{i} s_j(i)}{\max\limits_{i} s_j(i) - \min\limits_{i} s_j(i)} \quad (i = 1, 2, \cdots, n)$$

则称 D_3 为区间化算子。$S_j D_3$ 为 S_j 在区间化算子 D_3 下的像，简称区间值像。

定义 2.4.4 设 $S_j=(s_j(1),s_j(2),\cdots,s_j(n))$，$s_j(i)\in[0,1]$ 为因素 S_j 的行为序列，D_4 为序列算子，且

$$S_jD_4=(s_j(1)d_4,s_j(2)d_4,\cdots,s_j(n)d_4)$$

其中

$$s_j(i)d_4=1-s_j(i) \quad (i=1,2,\cdots,n)$$

则称 D_4 为逆化算子。S_jD_4 为 S_j 在逆化算子 D_4 下的像，简称逆化像。

定义 2.4.5 设 $S_j=(s_j(1),s_j(2),\cdots,s_j(n))$，$x(k)\in[0,1]$ 为因素 S_j 的行为序列，D_5 为序列算子，且

$$S_jD_5=(s_j(1)d_5,s_j(2)d_5,\cdots,s_j(n)d_5)$$

其中

$$s_j(i)d_5=\frac{1}{s_j(i)}, \qquad s_j(i)\neq 0 \quad (i=1,2,\cdots,n)$$

则称 D_5 为逆化算子。S_jD_5 为 S_j 在倒数化算子 D_5 下的像，简称倒数化像。

定义 2.4.6 集合 $D=\{D_j\,|\,j=1,2,3,4,5\}$ 称为灰色关联算子集。

定义 2.4.7 设 S 为系统因素集，D 为灰色关联算子集，称(S,D)为灰色关联因子空间。

2.4.2 灰色关联公理与灰色关联度

公理 2.4.1 （灰色关联公理）设 $S_0=(s_0(1),s_0(2),\cdots,s_0(n))$ 为系统特征序列，且相关因素序列为

$$S_1=(s_1(1),s_1(2),\cdots,s_1(n))$$
$$\cdots\cdots$$
$$S_m=(s_m(1),s_m(2),\cdots,s_m(n))$$

给定实数 $r(s_0(i),s_j(i))$，若实数 $r(S_0,S_j)=\frac{1}{n}\sum_{i=1}^{n}r(s_0(i),s_j(i))$，满足：

（1）规范性。$0<r(S_0,S_j)\leqslant 1$，$S_0=S_j\Rightarrow r(S_0,S_j)=1$；

（2）整体性。对于 $S_j,S_k\in S=\{S_l\,|\,l=0,1,\cdots,m;\ m\geqslant 2\}$，有 $r(S_j,S_k)\neq r(S_k,S_j),j\neq k$；

（3）偶对对称性。$S_j,S_k\in X$，有 $r(S_j,S_k)=r(S_k,S_j)\Leftrightarrow S=\{S_j,S_k\}$；

（4）接近性。$|s_0(i)-s_j(i)|$ 越小，$r(s_0(i),s_j(i))$ 越大。

则称 $r(S_0,S_j)=\frac{1}{n}\sum_{i=1}^{n}r(s_0(i),s_j(i))$ 为 $S_j,S_k\in X$ 的灰色关联度，其中 $r(s_0(i),s_j(i))$ 为 S_j 和 S_k 在 i 点的关联系数。

在灰色关联公理中规范性 $0<r(S_0,S_j)\leqslant 1$ 表明灰色系统中的任何两个行为序列都不可能存在严格意义上的无关联；整体性反映的是环境对灰色关联的影响，环境变化，

其对应的灰色关联度也随之发生变化；偶对对称性表明，如果灰色关联因子集中只存在两个序列，两序列满足对称性；接近性是对序列关联量化的约束。

定义 2.4.8　（灰色关联度）设系统行为序列

$$S_0 = (s_0(1), s_0(2), \cdots, s_0(n))$$
$$S_1 = (s_1(1), s_1(2), \cdots, s_1(n))$$
$$\cdots\cdots$$
$$S_m = (s_m(1), s_m(2), \cdots, s_m(n))$$

对于 $\xi \in (0,1)$ ，令

$$r(s_0(i), s_j(i)) = \frac{\min\limits_j \min\limits_i |s_0(i) - s_j(i)| + \xi \cdot \max\limits_j \max\limits_i |s_0(i) - s_j(i)|}{|s_0(i) - s_j(i)| + \xi \cdot \max\limits_j \max\limits_i |s_0(i) - s_j(i)|}$$

记 $r(s_0(i), s_j(i))$ 为 $r_{0j}(i)$ ， $r(S_0, S_j) = \frac{1}{n}\sum\limits_{i=1}^{n} r(s_0(i), s_j(i)) = \frac{1}{n}\sum\limits_{i=1}^{n} r_{0j}(i)$ ，则

$$r(S_0, S_j) = \frac{1}{n}\sum_{i=1}^{n} r(s_0(i), s_j(i))$$

满足灰色关联公理，其中：ξ 称为分辨系数；$r(S_0, S_j)$ 称为 S_0, S_j 的灰色关联度，记为 r_{0j}。

根据灰色关联度的定义，可得关联度的计算步骤如下。

步骤 1：根据评价目的确定评价指标体系，收集评价数据。

设 m 个数据序列形成如下矩阵：

$$(S_0, S_1, \cdots, S_m) = \begin{pmatrix} s_0(1) & s_1(1) & \cdots & s_m(1) \\ s_0(2) & s_1(2) & \cdots & s_m(2) \\ \vdots & \vdots & & \vdots \\ s_0(n) & s_1(n) & \cdots & s_m(n) \end{pmatrix}$$

其中：n 为指标的个数，$S_j = (s_j(1), s_j(2), \cdots, s_j(n))\,(j=1,2,\cdots,m)$。

步骤 2：确定参考数据列 $S_0 = (s_0(1), s_0(2), \cdots, s_0(m))$。

参考数据列应该是一个理想的比较标准，可以以各指标的最优值（或最劣值）构成参考数据列，也可根据评价目的选择其他参照值。

步骤 3：对指标数据序列用关联算子进行无量纲化（也可以不进行无量纲化），无量纲化后的数据序列形成如下矩阵：

$$(S_0', S_1', \cdots, S_m') = \begin{pmatrix} s_0'(1) & s_1'(1) & \cdots & s_m'(1) \\ s_0'(2) & s_1'(2) & \cdots & s_m'(2) \\ \vdots & \vdots & & \vdots \\ s_0'(n) & s_1'(n) & \cdots & s_m'(n) \end{pmatrix}$$

常用的无量纲化方法有均值化像法、初值化像法等。

（1）均值化像法：$s'_j(i) = \dfrac{s_j(i)}{\dfrac{1}{n}\sum\limits_{i=1}^{n} s_j(i)}$ $(j=0,1,\cdots,m;\ i=1,2,\cdots,n)$

（2）初值化像法：$s'_j(i) = \dfrac{s_j(i)}{s_j(1)}$ $(j=0,1,\cdots,m;\ i=1,2,\cdots,n)$

步骤 4：逐个计算每个被评价对象指标序列与参考序列对应元素的绝对差值，即

$$\Delta_j(i) = \left| s'_0(i) - s'_j(i) \right| \quad (i=1,\cdots,n;\ j=1,\cdots,m)$$

步骤 5：确定 $\Delta M = \min\limits_{j=1}^{n} \min\limits_{i=1}^{m} \left| s'_0(i) - s'_j(i) \right|$ 与 $\Delta m = \max\limits_{j=1}^{n} \max\limits_{i=1}^{m} \left| s'_0(i) - s'_j(i) \right|$。

步骤 6：计算关联系数。分别计算每个比较序列与参考序列对应元素的关联系数

$$r(s'_0(i), s'_j(i)) = \frac{\Delta m + \xi \cdot \Delta M}{\Delta_j(i) + \xi \cdot \Delta M} \quad (i=1,2,\cdots,n)$$

式中：ξ 为分辨系数，在 $(0,1)$ 内取值，ξ 越小，关联系数间的差异越大，区分能力越强。通常 ξ 取 0.5。

步骤 7：计算关联度 $r(S_0, S_j) = \dfrac{1}{n}\sum\limits_{i=1}^{n} r_{0j}(i)$。

步骤 8：依据各观察对象的关联序，得出综合评价结果。

2.4.3　灰色关联分析的应用举例

利用灰色关联分析对 6 位学生进行综合评价。

（1）评价指标包括：品德、学业成绩、身心素养、审美素养、劳动实践、荣誉奖项、签到。

（2）原始数据经处理后得到的数值如表 2.3 所示。

表 2.3　学生评价数据表

编号	品德	学业成绩	身心素养	审美素养	劳动实践	荣誉奖项	签到
S_1	8	9	8	7	7	4	9
S_2	8	8	7	6	7	3	8
S_3	9	7	9	6	6	4	7
S_4	6	8	8	9	4	3	6
S_5	8	6	7	9	8	3	8
S_6	8	9	5	7	6	4	8

（3）确定参考数据列：$S_0 = \{9,\ 9,\ 9,\ 9,\ 8,\ 9,\ 9\}$。

（4）计算 $\Delta_j(i) = |s_0'(i) - s_j'(i)|$（$i=1, 2, \cdots, 7$；$j=1, 2, \cdots, 6$），如表 2.4 所示。

表 2.4　学生评价数据 Δ 值表

差值	品德	学业成绩	身心素养	审美素养	劳动实践	荣誉奖项	签到
Δ	$\Delta_j(1)$	$\Delta_j(2)$	$\Delta_j(3)$	$\Delta_j(4)$	$\Delta_j(5)$	$\Delta_j(6)$	$\Delta_j(7)$
$|S_1 - S_0|$	1	0	1	2	1	5	0
$|S_2 - S_0|$	1	1	2	3	1	6	1
$|S_3 - S_0|$	0	2	0	3	2	5	2
$|S_4 - S_0|$	3	1	1	0	4	6	3
$|S_5 - S_0|$	1	3	2	0	0	7	1
$|S_6 - S_0|$	1	0	4	2	2	5	1

（5）
$$\Delta m = \min_{j=1}^{6} \min_{i=1}^{7} |s_0(i) - s_j(i)| = \min(0,1,0,0,0,0) = 0$$

$$\Delta M = \max_{j=1}^{6} \max_{i=1}^{7} |s_0(i) - s_j(i)| = \max(5,6,5,6,7,5) = 7$$

（6）依据式 $r(s_0'(i), s_j'(i)) = \dfrac{\Delta m + \xi \cdot \Delta M}{\Delta_j(i) + \xi \cdot \Delta M}$，取 $\xi = 0.5$ 计算，得

$$r_{01}(1) = \frac{0 + 0.5 \times 7}{1 + 0.5 \times 7} = 0.778$$

$$r_{01}(2) = \frac{0 + 0.5 \times 7}{0 + 0.5 \times 7} = 1.000$$

$$r_{01}(3) = 0.778$$

$$r_{01}(4) = 0.636$$

$$r_{01}(5) = 0.778$$

$$r_{01}(6) = 0.412$$

$$r_{01}(7) = 1.000$$

同理得出其他关联系数的值，如表 2.5 所示。

表 2.5 学生评价数据关联系数表

编号	$r_{0j}(1)$	$r_{0j}(2)$	$r_{0j}(3)$	$r_{0j}(4)$	$r_{0j}(5)$	$r_{0j}(6)$	$r_{0j}(7)$
S_1	0.778	1.000	0.778	0.636	0.778	0.412	1.000
S_2	0.778	0.778	0.636	0.554	0.778	0.368	0.778
S_3	1.000	0.636	1.000	0.554	0.636	0.412	0.636
S_4	0.554	0.778	0.778	1.000	0.467	0.368	0.554
S_5	0.778	0.554	0.636	1.000	1.000	0.368	0.778
S_6	0.778	1.000	0.467	0.636	0.636	0.412	0.778

（7）计算每个学生各项评价指标关联系数的均值（关联度）：

$$r_{01} = \frac{0.778+1.000+0.778+0.636+0.778+0.412+1.000}{7} = 0.769$$

同理

$$r_{02} = 0.667, \quad r_{03} = 0.696, \quad r_{04} = 0.643, \quad r_{05} = 0.731, \quad r_{06} = 0.672$$

（8）如果各项评价同等重要，即取相同权重，6 位同学在该评价指标下的评价结果高到低依次为 1 号（$r_{01} = 0.769$），5 号（$r_{05} = 0.731$），3 号（$r_{03} = 0.696$），6 号（$r_{06} = 0.672$），2 号（$r_{02} = 0.667$），4 号（$r_{04} = 0.643$），即

$$r_{01} > r_{05} > r_{03} > r_{06} > r_{02} > r_{04}$$

如果给各项评价赋予不同的权重免责可以得到相应的评价结果。

2.4.4 广义灰色关联度

命题 2.4.1 设 $S_0 = (s_0(1), s_0(2), \cdots, s_0(n))$，$S_j = (s_j(1), s_j(2), \cdots, s_j(n))$，而

$$S_0^0 = (s_0^0(1), s_0^0(2), \cdots, s_0^0(n)) \quad \text{和} \quad S_j^0 = (s_j^0(1), s_j^0(2), \cdots, s_j^0(n))$$

分别为 S_0 与 S_i 的始点化像，即

$$s_0^0(i) = s_0(i) - s_0(1), \quad s_j^0(i) = s_j(i) - s_j(1)$$

则记

$$|t_0| = \left| \sum_{i=2}^{n-1} s_0^0(i) + \frac{1}{2} s_0^0(n) \right|$$

$$|t_j| = \left| \sum_{i=2}^{n-1} s_j^0(i) + \frac{1}{2} s_j^0(n) \right|$$

$$|t_j - t_0| = \left| \sum_{i=2}^{n-1} (s_j^0(i) - s_0^0(i)) + \frac{1}{2} (s_j^0(n) - s_0^0(n)) \right|$$

定义 2.4.9　设序列 t_0，t_j 如命题 2.4.1 中所示，则称

$$\varepsilon_{0j} = \frac{1+|t_0|+|t_j|}{1+|t_0|+|t_j|+|t_j-t_0|}$$

为 S_0 与 S_j 的灰色绝对关联度，简称绝对关联度。

绝对关联度满足灰色关联公理中的规范性、偶对对称性与接近性，但不满足整体性。

定理 2.4.1　灰色绝对关联度 ε_{0j} 具有下面几种性质。

（1）$0 < \varepsilon_{0j} \leqslant 1$。

（2）ε_{0j} 只与 S_0 和 S_j 的几何形状有关，而与其具体取值的关联度不大，或者说，平移不改变绝对关联度的值。

（3）任何两个序列都不是绝对无关的，即 ε_{0j} 恒不为零。

（4）S_0 与 S_j 几何形状相似程度越大，ε_{0j} 越大。

（5）当 S_0 或 S_j 中任一观测数据有所变化，ε_{0j} 将随之变化。

（6）S_0 与 S_j 长度变化，ε_{0j} 也相应变化。

（7）$\varepsilon_{00} = \varepsilon_{jj} = 1$。

（8）$\varepsilon_{0j} = \varepsilon_{j0}$。

2.4.5　灰色相对关联度

定义 2.4.10　设序列 S_0 与 S_j 长度相同，且初值皆不等于零，S_0' 与 S_j' 分别为 S_0 与 S_j 的初值像，则称 S_0' 与 S_j' 的灰色绝对关联度为 S_0 与 S_j 的灰色相对关联度，简称为相对关联度，记为 R_{0j}。

相对关联度表征了序列 S_0 与 S_j 相对于始点的变化速率之间的关系，S_0 与 S_j 的变化速率越接近，R_{0j} 越大，反之越小。

定理 2.4.2　设序列 S_0 与 S_j 长度相同，且初值皆不等于零，若 $S_0 = cS_i$，其中 $c > 0$ 为常数，则 $R_{0j} = 1$。

定理 2.4.3　灰色相对关联度 R_{0j} 具有下面几种性质。

（1）$0 < R_{0j} \leqslant 1$。

（2）R_{0j} 只与序列 S_0 和 S_j 的相对于始点的变化率有关，而与各观测值的大小无关，或者说，数乘不改变相对关联度的值。

（3）任何两个序列的变化率都不是毫无联系的，即 R_{0j} 恒不为零。

（4）S_0 与 S_j 相当于始点的变化速度越接近，R_{0j} 越大。

（5）当 S_0 或 S_j 中任一观测数据有所变化，R_{0j} 将随之变化。

（6）S_0 与 S_j 长度变化，R_{0j} 也变化。

（7）$R_{00} = R_{jj} = 1$。

（8）$R_{0j} = R_{j0}$。

2.4.6 灰色综合关联度

定义 2.4.11 设序列 S_0 与 S_j 长度相同，且初值皆不等于零，ε_{0j} 和 R_{0j} 分别为 S_0 与 S_j 的灰色绝对关联度和相对关联度，若 $\theta \in [0,1]$，则称 $\rho_{0j} = \theta\varepsilon_{0j} + (1-\theta)R_{0j}$ 为 S_0 与 S_j 的灰色综合关联度，简称综合关联度。

综合关联度既体现了序列 S_0 与 S_j 的相似程度，又反映 S_0 与 S_j 相应的折线相对于起始点的变化速率的接近程度，是表征序列 S_0 与 S_j 之间联系是否紧密的一个较为全面的数量指标。

例 2.4.1 某油田的石油生产量（2017～2020 年）为
$$S = (101.50, 136.30, 235.00, 357.38)$$
单位：万桶。产量增长趋势较大，2017～2020 年每年平均递增 52.9%，2018～2020 年的年平均递增更是高达 62.46%。提高油田企业石油生产量是企业关心的首要问题。根据以往经验表明：石油产量主要与储量、自然递减率、采出程度、生产成本这些主要因素密切相关。该油田企业石油产量及相关因素数据如表 2.6 所示。

表 2.6 某油田企业石油产量及相关因素数据表

变量	年份			
	2017	2018	2019	2020
S_0 (石油产量/万桶)	101.50	136.30	235.00	357.38
S_1 (储量/万桶)	3 799	3 605	5 460	6 982
S_2 (自然递减率/%)	17.50	21.60	22.10	27.50
S_3 (采出程度/%)	24.10	28.00	32.60	35.00
S_4 [生产成本/（元/桶）]	11.64	13.88	15.34	17.80

（1）求绝对关联度。取
$$S_j^0 = (s_j(1) - s_j(1), s_j(2) - s_j(1), s_j(3) - s_j(1), s_j(4) - s_j(1))$$
$$= (s_j^0(1), s_j^0(2), s_j^0(3), s_j^0(4)) \quad (j = 0,1,2,3,4)$$
即始点零化像，则

$$S_0^0 = (0, 34.8, 133.5, 255.88)$$
$$S_1^0 = (0, -194, 1\,661, 3\,183)$$
$$S_2^0 = (0, 4.1, 4.6, 10)$$
$$S_3^0 = (0, 3.9, 8.5, 10.9)$$
$$S_4^0 = (0, 2.24, 3.7, 6.16)$$

由 $|t_j| = |\sum_{i=2}^{3} s_j^0(i) + \frac{1}{2} s_j^0(4)|$ （$j = 0,1,2,3,4$）得

$$|t_0| = 296.24, \quad |t_1| = 3\,058.5, \quad |t_2| = 13.7, \quad |t_3| = 17.85, \quad |t_4| = 9.02$$

由 $|t_j - t_0| = |\sum_{i=2}^{3} (s_j^0(i) - s_0^0(i)) + \frac{1}{2}(s_j^0(4) - s_0^0(4))|$ （$j = 1,2,3,4$）得

$$|t_1 - t_0| = 2\,762.26, \qquad |t_2 - t_0| = 282.54$$
$$|t_3 - t_0| = 278.39, \qquad |t_4 - t_0| = 287.22$$

由 $\varepsilon_{0j} = \dfrac{1 + |t_0| + |t_j|}{1 + |t_0| + |t_j| + |t_j - t_0|}$ （$j = 1,2,3,4$）得

$$\varepsilon_{01} = 0.548\,5, \quad \varepsilon_{02} = 0.523\,9$$
$$\varepsilon_{03} = 0.530\,9, \quad \varepsilon_{04} = 0.516\,0$$

（2）求相对关联度。先求出 S_j 的初值像，由

$$S_j' = (s_j'(1), s_j'(2), s_j'(3), s_j'(4)) = \left(\frac{s_j(1)}{s_j(1)}, \frac{s_j(2)}{s_j(1)}, \frac{s_j(3)}{s_j(1)}, \frac{s_j(4)}{s_j(1)} \right) \quad (j = 0,1,2,3,4)$$

得

$$S_0' = (1, 1.338\,7, 2.315\,3, 3.516\,0)$$
$$S_1' = (1, 0.948\,9, 1.437\,2, 1.837\,8)$$
$$S_2' = (1, 1.234\,3, 1.262\,9, 1.571\,4)$$
$$S_3' = (1, 1.161\,8, 1.352\,7, 1.452\,3)$$
$$S_4' = (1, 1.192\,4, 1.317\,9, 1.529\,2)$$

S_j' 的始点零化像为

$$S_j'^0 = (s_j'(1) - s_j'(1), s_j'(2) - s_j'(1), s_j'(3) - s_j'(1), s_j'(4) - s_j'(1))$$
$$= (s_j'^0(1), s_j'^0(2), s_j'^0(3), s_j'^0(4)) \quad (j = 0,1,2,3,4)$$

从而有

$$S_0'^0 = (0, 0.338\,7, 1.315\,3, 2.516\,2)$$
$$S_1'^0 = (0, -0.050\,1, 0.437\,2, 0.837\,8)$$
$$S_2'^0 = (0, 0.234\,3, 0.262\,9, 0.571\,4)$$
$$S_3'^0 = (0, 0.161\,8, 0.352\,7, 0.452\,3)$$
$$S_4'^0 = (0, 0.192\,4, 0.317\,9, 0.529\,2)$$

由 $|t'_j|=\sum_{i=2}^{3}s_j'^0(i)+\frac{1}{2}s_j'^0(4)|$ $(j=0,1,2,3,4)$ 得

$$|t'_0|=2.9121,\quad |t'_1|=0.8060,\quad |t'_2|=0.7829,\quad |t'_3|=0.74065,\quad |t'_4|=0.7749$$

由 $|t'_j-t'_0|=\sum_{i=2}^{3}(s_j'^0(i)-s_0'^0(i))+\frac{1}{2}(s_j'^0(4)-s_0'^0(4))|$ $(j=1,2,3,4)$ 得

$$|t'_1-t'_0|=2.1061,\quad |t'_2-t'_0|=2.1292$$
$$|t'_3-t'_0|=2.17145,\quad |t'_4-t'_0|=2.1372$$

由 $r_{0j}=\dfrac{1+|t'_0|+|t'_j|}{1+|t'_0|+|t'_j|+|t'_j-t'_0|}$ $(j=1,2,3,4)$ 得

$$r_{01}=0.6914,\quad r_{02}=0.6880$$
$$r_{03}=0.6818,\quad r_{04}=0.6868$$

（3）求综合关联度。取 $\theta=0.5$，由综合关联度 $\rho_{0j}=\theta\varepsilon_{0j}+(1-\theta)r_{0j}$ 得

$$\rho_{01}=0.61995,\quad \rho_{02}=0.60595,\quad \rho_{03}=0.60635,\quad \rho_{04}=0.6014$$

（4）结果分析。由 $\rho_{01}>\rho_{03}>\rho_{02}>\rho_{04}$、相对石油产量 S_0 可知，储量 S_1 为最优因素，采出程度 S_3 次之，自然递减率 S_2 又次之，生产成本 S_4 最差。也就是说，储量对油田企业产量的影响最大，油井自然递减率的影响仅次于石油储量，生产成本对石油产量的影响最小。这一结果与该油田企业的实际生产状况吻合。

2.5　灰色系统模型

研究灰色系统，一般应首先建立灰色系统的数学模型，然后研究系统的整体功能、协调功能和系统各影响因素之间的关联关系、因果关系的量化关系。这种研究通常以定性分析为先导，定量研究与定性研究相结合。灰色系统模型的建立，一般要经过需求分析、影响因素分析、量化影响因素、系统动态化、优化系统 5 个步骤。对应的模型有：描述模型、结构模型、量化模型、动态模型、优化模型。

建模的过程是将下一阶段中所得的结果，经过多次循环往返回馈，逐步完善整个灰色模型。

2.5.1　GM(1，1)模型

一个变量的一阶灰色模型，通常用 GM(1,1)表示。这里 G 表示灰色（gray），M 表示模型（model），GM(1,1)表示 1 个变量、1 阶的灰色模型。

定义 2.5.1　设 $S_0=(s_0(1),s_0(2),\cdots,s_0(n))$，$S_1=(s_1(1),s_1(2),\cdots,s_1(n))$，则称

$$s_0(i)+as_1(i)=b$$

为 GM(1,1)模型的初始形式。

定义 2.5.2　设

$$S_0 = (s_0(1), s_0(2), \cdots, s_0(n))$$

$$S_1 = (s_1(1), s_1(2), \cdots, s_1(n))$$

$$T_1 = (t_1(2), t_1(3), \cdots, t_1(n))$$

其中，$t_1(i) = \dfrac{1}{2}(s_1(i) + s_1(i-1))$ $(i = 1, 2, \cdots, n)$，则称

$$s_0(i) + at_1(i) = b$$

为 GM(1, 1)模型的基本形式。

定义 2.5.3　设 $S_0 = (s_0(1), s_0(2), \cdots, s_0(n))$ 为一非负序列，$S_1 = (s_1(1), s_1(2), \cdots, s_1(n))$ 为 S_0 的一次累加序列（1-AGO），其中 $s_1(i) = \displaystyle\sum_{j=1}^{i} s_0(j)$ $(i = 1, 2, \cdots, n)$。

T_1 为 S_1 的紧邻均值生成序列 $T_1 = (t_1(2), t_1(3), \cdots, t_1(n))$，其中

$$t_1(i) = \frac{1}{2}(s_1(i) + s_1(i-1)) \quad (i = 2, 3, \cdots, n)$$

若记

$$\hat{\boldsymbol{a}} = [a, b]^{\mathrm{T}}, \quad \boldsymbol{W} = \begin{bmatrix} s_0(2) \\ s_0(3) \\ \vdots \\ s_0(n) \end{bmatrix}, \quad \boldsymbol{M} = \begin{bmatrix} -t_1(2) & 1 \\ -t_1(3) & 1 \\ \vdots & \vdots \\ -t_1(n) & 1 \end{bmatrix}$$

则由最小二乘估计可得，GM(1, 1)基本模型 $s_0(i) + at_1(i) = b$ 的参数列 $\hat{\boldsymbol{a}} = [a, b]^{\mathrm{T}}$ 满足

$$\hat{\boldsymbol{a}} = [a, b]^{\mathrm{T}} = (\boldsymbol{M}^{\mathrm{T}} \boldsymbol{M})^{-1} \boldsymbol{M}^{\mathrm{T}} \boldsymbol{W}$$

定义 2.5.4　设 $S_0 = (s_0(1), s_0(2), \cdots, s_0(n))$ 为一非负序列，$S_1 = (s_1(1), s_1(2), \cdots, s_1(n))$ 为 S_0 的一次累加序列（1-AGO），T_1 为 S_1 的紧邻均值生成序列，则称 $\dfrac{\mathrm{d}s_1}{\mathrm{d}t} + as_1 = b$ 为 GM(1, 1)模型 $s_0(i) + at_1(i) = b$ 的白化方程，也称为影子方程。

定理 2.5.1　设 $\boldsymbol{M}, \boldsymbol{W}, \hat{\boldsymbol{a}}$ 满足 $\hat{\boldsymbol{a}} = [a, b]^{\mathrm{T}} = (\boldsymbol{M}^{\mathrm{T}} \boldsymbol{M})^{-1} \boldsymbol{M}^{\mathrm{T}} \boldsymbol{W}$，则

（1）白化方程 $\dfrac{\mathrm{d}s_1}{\mathrm{d}t} + as_1 = b$ 的解（也称时间响应函数）为 $s_1(t) = \left(s_1(1) - \dfrac{b}{a}\right)e^{-at} + \dfrac{b}{a}$；

（2）GM(1, 1)模型 $s_0(i) + at_1(i) = b$ 的时间响应函数序列为

$$\hat{s}_1(i+1) = \left(s_0(1) - \frac{b}{a}\right)e^{-ai} + \frac{b}{a} \quad (i = 1, 2, \cdots, n)$$

（3）由时间响应序列可以得到

$$\hat{s}_0(i+1) = \hat{s}_1(i+1) - \hat{s}_1(i)$$

$$= (1 - e^{a})\left(s_0(1) - \frac{b}{a}\right)e^{-ai} \quad (i = 1, 2, \cdots, n)$$

定义 2.5.5　称 GM(1, 1)模型中的参数 $-a$ 为发展系数，b 为灰色作用量。

注意：①$-a$反映$\hat{s}_1$与$\hat{s}_0$的发展态势；②序列$S_0 = (s_0(1), s_0(2), \cdots, s_0(n))$的数据选择不同，所得的模型也会不同；③因数据选择不同，得到不同模型中的参数$-a$与b的值是不一样的，这种参数的非唯一性说明，不同条件对模型的影响是存在的。

定理 2.5.2 GM(1, 1)模型$s_0(i) + at_1(i) = b$与模型$s_0(i) = \beta - \alpha s_1(i-1)$等价，其中$\beta = \dfrac{b}{1 + 0.5a}, \alpha = \dfrac{a}{1 + 0.5a}$。

证明 将$t_1(i) = \dfrac{1}{2}(s_1(i) + s_1(i-1))$ $(i = 1, 2, \cdots, n)$代入模型$s_0(i) + at_1(i) = b$，有

$$s_0(i) + \frac{a}{2}s_1(i) + \frac{a}{2}s_1(i-1) = b$$

又因

$$s_1(i) = \sum_{i=1}^{i} s_0(j)$$

故

$$s_0(i) + \frac{a}{2}[s_0(1) + s_0(2) + \cdots + s_0(i-1)] + \frac{a}{2}s_0(i) = b$$

$$\frac{1+a}{2}s_0(i) + \frac{a}{2}s_1(i-1) = b$$

即

$$s_0(i) = \beta - \alpha s_1(i-1)$$

则

$$\beta = \frac{b}{1 + 0.5a}, \quad \alpha = \frac{a}{1 + 0.5a}$$

命题 2.5.1 当$(n-1)\sum_{i=2}^{n}[t^1(i)]^2 \to \sum_{i=2}^{n}[t^1(i)]^2$时，GM(1, 1)模型无意义，此时$\hat{a} \to \infty, \hat{b} \to \infty$。

命题 2.5.2 当GM(1, 1)发展系数$|a| \geqslant 2$时，GM(1, 1)模型无意义。即当$|a| < 2$时，GM(1, 1)模型才有意义。但随着a的取值不同，预测效果也不同。要得到较高精度，则要求$a \in \left(\dfrac{-2}{n+1}, \dfrac{2}{n+1}\right)$，此时级比$\sigma^0(i) = (e^{-\frac{2}{n+1}}, e^{\frac{2}{n+1}})$。

2.5.2 残差 GM(1, 1)模型

当GM(1, 1)模型的精度不符合要求时，可用残差序列建立新的GM(1, 1)模型，对原来的模型进行修正，以提高精度。

定义 2.5.6 设S_0为原始序列，S_1为S_0的1-AGO序列，GM(1, 1)模型的时间响应式为

$$\hat{s}_1(i+1) = \left(s_0(1) - \frac{b}{a}\right)e^{-ai} + \frac{b}{a} \quad (i = 1, 2, \cdots, n)$$

则称 $d\hat{s}_1(i+1) = -a\left(s_0(1) - \frac{b}{a}\right)e^{-ai} \ (i = 1, 2, \cdots, n)$ 为导数还原值。

定义 2.5.7 设 S_0 为原始序列，S_1 为 S_0 的 1-AGO 序列，GM(1, 1)模型的时间响应式为

$$\hat{s}_1(i+1) = \left(s_0(1) - \frac{b}{a}\right)e^{-ai} + \frac{b}{a} \quad (i = 1, 2, \cdots, n)$$

则称 $\hat{s}_0(i+1) = \hat{s}_1(i+1) - \hat{s}_1(i) = (1 - e^a)\left(s_0(1) - \frac{b}{a}\right)e^{-ai} \ (i = 1, 2, \cdots, n)$ 为累减还原值。

命题 2.5.3 当 $|a|$ 的值较小时，有 $d\hat{s}_1(i+1) \approx \hat{s}_0(i+1) \ (i = 1, 2, \cdots, n)$；当 $|a|$ 的值较大时，$d\hat{s}_1(i+1) \neq \hat{s}_0(i+1) \ (i = 1, 2, \cdots, n)$。

事实上，当 a 趋于 0 时，有 $1 - e^a \approx -a$，则 $d\hat{s}_1(i+1) \approx \hat{s}_0(i+1)$。当 $|a|$ 的值较大时，$1 - e^a \neq -a$，故 $d\hat{s}_1(i+1) \neq \hat{s}_0(i+1) \ (i = 1, 2, \cdots, n)$。

由命题 2.5.3 可知，GM(1, 1)模型既不是微分方程，也不是差分方程。但当 $|a|$ 的值较小时，微分与差分的模拟结果会很接近，这时，GM(1, 1)模型既可以认为是微分方程，也可以看成差分方程。

在导数还原值与累减还原值不一致时，为了减少往返运算造成的误差，通常利用 S_1 的残差来修正 S_1 的模拟值 $\hat{s}_1(i+1)$。

定义 2.5.8 设 $\varepsilon^0 = (\varepsilon^0(1), \varepsilon^0(2), \cdots, \varepsilon^0(n))$，其中 $\varepsilon^0(i) = s_1(i) - \hat{s}_1(i)$ 为 S_1 的残差序列。若存在 i_0，满足：

（1） $\forall i \geqslant i_0, \varepsilon_0(i)$ 的符号一致；

（2） $n - i_0 \geqslant 4$，则称 $(|\varepsilon^0(i_0)|, |\varepsilon^0(i_0+1)|, \cdots, |\varepsilon^0(n)|)$ 为可建模残差后段。仍记其为 $\varepsilon^0 = (\varepsilon^0(i_0), \varepsilon^0(i_0+1), \cdots, \varepsilon^0(n))$。

命题 2.5.4 设 $\varepsilon^0 = (\varepsilon^0(i_0), \varepsilon^0(i_0+1), \cdots, \varepsilon^0(n))$ 为可建模残差后段，其 1-AGO 序列为 $\varepsilon^1 = (\varepsilon^1(i_0), \varepsilon^1(i_0+1), \cdots, \varepsilon^1(n))$ 的 GM(1, 1)模型的时间响应式为

$$\hat{\varepsilon}^1(i+1) = \left(\varepsilon^0(i_0) - \frac{b_\varepsilon}{a_\varepsilon}\right)e^{-a_\varepsilon(i-i_0)} + \frac{b_\varepsilon}{a_\varepsilon} \quad (i \geqslant i_0)$$

则残差后段 ε^0 的模拟序列为

$$\hat{\varepsilon}^0 = (\hat{\varepsilon}^0(i_0), \hat{\varepsilon}^0(i_0+1), \cdots, \hat{\varepsilon}^0(n))$$

其中

$$\hat{\varepsilon}^0(i+1) = -a_\varepsilon\left(\varepsilon^0(i_0) - \frac{b_\varepsilon}{a_\varepsilon}\right)e^{-a_\varepsilon(i-i_0)} \quad (i \geq i_0)$$

定义 2.5.9 若 $\hat{s}_0(i) = \hat{s}_1(i) - \hat{s}_1(i-1)$ $(i=1,2,\cdots,n)$，则称相应的残差修正时间响应式

$$\hat{s}_0(i+1) = \begin{cases} (1-\mathrm{e}^a)\left(s_0(1) - \dfrac{b}{a}\right)e^{-ai} & (i < i_0) \\[3mm] (1-\mathrm{e}^a)\left(s_0(1) - \dfrac{b}{a}\right)e^{-ai} \pm a_\varepsilon\left(\varepsilon^0(i_0) - \dfrac{b_\varepsilon}{a_\varepsilon}\right)e^{-a_\varepsilon(i-i_0)} & (i \geq i_0) \end{cases}$$

为累减还原式的残差修正模型。

定义 2.5.10 若 $\hat{s}_0(i+1) = (-a)\left(s_0(1) - \dfrac{b}{a}\right)e^{-ai}$，则称相应的残差修正时间响应式

$$\hat{s}_0(i+1) = \begin{cases} (-a)\left(s_0(1) - \dfrac{b}{a}\right)e^{-ai} & (i < i_0) \\[3mm] (-a)\left(s_0(1) - \dfrac{b}{a}\right)e^{-ai} \pm a_\varepsilon\left(\varepsilon_0(i_0) - \dfrac{b_\varepsilon}{a_\varepsilon}\right)e^{-a_\varepsilon(i-i_0)} & (i \geq i_0) \end{cases}$$

为导数还原式的残差修正模型。

例 2.5.1 2020 年 2 月 1 日～14 日，某市新增疑似某疾病感染患者人数分别为
$$S_0 = (8, 22, 39, 35, 40, 45, 35, 21, 14, 18, 16, 17, 15, 13)$$

（1）对 S_0 作 1-AGO，可得
$$S_1 = \{s_1(1), s_1(2), \cdots, s_1(14)\}$$
$$= (8, 30, 69, 104, 144, 189, 224, 245, 259, 277, 293, 310, 325, 338)$$

（2）对 S_1 作紧邻均值生成，令
$$T_1(i) = \frac{1}{2}[s_1(i) + s_1(i-1)]$$

$T_1 = \{t_1(1), t_1(2), \cdots, t_1(14)\}$
$= (8,\ 19,\ 49.5,\ 86.5,\ 124,\ 166.5,\ 206.5,\ 234.5,\ 252,\ 268,\ 285,\ 301.5,\ 317.5,\ 331.5)$

（3）可得到白化方程
$$\frac{\mathrm{d}s_1}{\mathrm{d}t} - 0.004\,1s_1 = 6\,305.2$$

（4）可得到时间响应式为
$$\hat{s}_1(i+1) = -6\,297.2\mathrm{e}^{-0.004\,1i} + 6\,305.2$$

作累减还原，可得
$$\hat{S}_0 = \begin{pmatrix} 25.765\,7,\ 25.660\,2,\ 25.555\,2,\ 25.450\,7,\ 25.346\,6,\ 25.242\,8, \\ 25.139\,6,\ 25.036\,7,\ 24.934\,3,\ 24.832\,2,\ 24.730\,6,\ 24.629\,4,\ 24.528\,7 \end{pmatrix}$$

（5）检验其精度，列出误差检验数据如表 2.7 所示。

表 2.7　误差检验数据

序号	原始数据 $s_0(i)$	模拟数据 $\hat{s}_0(i)$	残差 $\varepsilon(i) = s_0(i) - \hat{s}_0(i)$	相对误差 $\Delta_i = \lvert \varepsilon(i) \rvert / s_0(i)$	残差修正 $\hat{s}_0(i+1)$
2	22	25.765 7	-3.765 7	0.171 2	25.765 6
3	39	25.660 2	13.339 8	0.342 0	25.660 2
4	35	25.555 2	9.444 8	0.269 9	25.555 2
5	40	25.450 7	14.549 3	0.363 7	25.450 7
6	45	25.346 6	19.653 4	0.436 7	25.346 5
7	35	25.242 8	9.757 2	0.278 8	25.242 8
8	21	25.139 6	-4.139 6	0.197 1	25.139 5
9	14	25.036 7	-11.036 7	0.788 3	24.535 3
10	18	24.934 3	-6.934 3	0.385 2	24.398 4
11	16	24.832 2	-8.832 2	0.552 0	24.259 6
12	17	24.730 6	-7.730 6	0.454 7	24.118 7
13	15	24.629 4	-9.629 4	0.642 0	23.975 5
14	13	24.528 7	-11.528 7	0.886 8	23.829 8

由表 2.7 可以看出，模拟误差较大，进一步计算残差平方和为

$$s = \Delta\Delta^{\mathrm{T}} = 1\,524.9$$

平均相对误差为

$$\Delta = \frac{1}{13}\sum_{i=2}^{14}\Delta_i = 44.37\%$$

而残差平方和很大，相对精度不到 45%，需采用残差模型进行修正。

（6）残差修正，取 $k_0 = 8$，可得残差后段

$$\varepsilon^0 = (\varepsilon^0(8), \varepsilon^0(9), \cdots, \varepsilon^0(14))$$
$$= (-0.197\,1, -0.788\,3, -0.385\,2, -0.552\,0, -0.454\,7, -0.642\,0, -0.886\,8)$$

取绝对值，可得

$$\varepsilon^0 = (0.197\,1, 0.788\,3, 0.385\,2, 0.552\,0, 0.454\,7, 0.642\,0, 0.886\,8)$$

其中：1-AGO 序列为

$$\varepsilon^1 = (0.197\,1, 0.985\,4, 1.370\,6, 1.922\,6, 2.377\,3, 3.019\,3, 3.906\,1)$$

用上式中后段可建立残差后段 GM(1, 1)模型，得 ε_0 的 1-AGO 序列 ε_1 的时间响应式为

$$\hat{\varepsilon}^1(k+1) = 7.551\,0e^{0.066\,4(i-8)} - 7.353\,9 \quad (i \geqslant 8)$$

其导数还原值为

$$\hat{\varepsilon}^0(k+1) = 0.066\,4 \times 7.551\,0 \times e^{0.066\,4(i-8)} = 0.501\,4e^{0.066\,4(i-8)} \quad (i \geqslant 8)$$

由此得时间响应式

$$\hat{s}_1(i+1) = -6\,297.2e^{-0.004\,1i} + 6\,305.2$$

得到累减还原式

$$\hat{s}_0(i+1) = \hat{s}_1(i+1) - \hat{s}_1(i) = (1-e^a)\left(s_0(1) - \frac{b}{a}\right)e^{-ai} = 25.871\,5e^{0.004\,1i}$$

得到累减还原式的残差修正模型为

$$\hat{s}_0(i+1) = \begin{cases} 25.871\,5e^{-0.004\,1i} & (i < 8) \\ 25.871\,5e^{-0.004\,1i} - 0.501\,4e^{0.066\,4(i-8)} & (i \geqslant 8) \end{cases}$$

其中：$\hat{\varepsilon}_0(i+1)$ 与原始残差序列一致。

按此模型，可对 $i = 8,9,10,11,12,13,14$ 这 7 个数据进行模拟修正，可见修正后的精度比修正前的精度有所提高，但是不明显。对比结果如表 2.8 所示。

表 2.8 相对误差数据对比

全部数据		后段数据	
累减还原	残差修正	累减还原	残差修正
44.37%	42.57%	34.475%	33.15%

注意：①对数据的变化趋势做精度较高的模拟较为困难；②若需要更精确的预测值，则需要考虑的因素较多，单一预测方法很难取得满意的效果。

2.6 灰色系统预测

灰色系统预测是利用相关历史数据，通过数据预处理及灰色模型的建立，研究、发现和掌握系统发展的规律，对系统未来状态做出估计和推测。

2.6.1 灰色预测

定义 2.6.1 设原始数据序列

$$S_0 = (s_0(1), s_0(2), \cdots, s_0(n))$$

相应的预测模型模拟序列为

$$\hat{s}_0 = (\hat{s}_0(1), \hat{s}_0(2), \cdots, \hat{s}_0(n))$$

残差序列为

$$\varepsilon^0 = (\varepsilon^0(1), \varepsilon^0(2), \cdots, \varepsilon^0(n))$$
$$= (s_0(1) - \hat{s}_0(1), s_0(2) - \hat{s}_0(2), \cdots, s_0(n) - \hat{s}_0(n))$$

相对误差序列为

$$\Delta = \left(\left| \frac{\varepsilon_0(1)}{s_0(1)} \right|, \left| \frac{\varepsilon_0(2)}{s_0(2)} \right|, \cdots, \left| \frac{\varepsilon_0(n)}{s_0(n)} \right| \right) = \{\Delta_i\}_1^n$$

则：①对于 $i \leqslant n$，$\Delta_i = \left(\left| \frac{\varepsilon_0(i)}{s_0(i)} \right| \right)$ 为 i 点的模拟相对误差，$\overline{\Delta} = \frac{1}{n}\sum_{i=1}^{n}\Delta_i$ 为平均相对误差，$1 - \overline{\Delta}$ 为平均相对精度，$1 - \Delta_i$ 为 i 点的模拟精度；②对于给定 α，当 $\overline{\Delta} < \alpha$ 且 $\Delta_n < \alpha$ 成立时，称模型为残差合格模型。

定义 2.6.2　设 S_0 为原始序列，$\hat{S}_0$ 为相应的模拟序列，ε 为 S_0 与 $\hat{S}_0$ 的绝对关联度，若对于给定的 $\varepsilon_0 > 0$，有 $\varepsilon > \varepsilon_0$，则称模型为关联度合格模型。

定义 2.6.3　设 S_0 为原始序列，$\hat{S}_0$ 为相应的模拟序列，ε^0 为 S_0 与 $\hat{S}_0$ 的残差序列，则 $S_{\text{mean}} = \frac{1}{n}\sum_{i=1}^{n}s_0(i)$ 为 S_0 的均值，$S_{\text{var}}^2 = \frac{1}{n}\sum_{i=1}^{n}(s_0(i) - \overline{s})^2$ 为 S_0 的方差，$\varepsilon_{\text{mean}} = \frac{1}{n}\sum_{i=1}^{n}\varepsilon^0(i)$ 为残差的均值，$\varepsilon_{\text{var}}^2 = \frac{1}{n}\sum_{i=1}^{n}(\varepsilon^0(i) - \varepsilon_{\text{mean}})^2$ 为残差的方差；$C = \frac{\varepsilon_{\text{var}}}{S_{\text{var}}}$ 为均方差比值，$p = p\left(\left| \varepsilon(i) - \varepsilon_{\text{mean}} \right| < 0.6745 S_{\text{var}}^1 \right)$ 为小误差概率。

若给定 $C_0 > 0$，且当 $C < C_0$ 时，称模型为均方差比合格模型；若给定 $p_0 > 0$，当 $p > p_0$ 时，称模型为小误差概率合格模型。精度检验等级参数如表 2.9 所示。

表 2.9　精度检验等级参数表

精度等级	指标临界性			
	相对误差 α	关联度 ε_0	均方差比值 C	小误差概率 p_0
一级	0.01	0.90	0.35	0.95
二级	0.05	0.80	0.50	0.80
三级	0.10	0.70	0.65	0.70
四级	0.20	0.60	0.80	0.60

2.6.2　数列预测

数列预测是对系统变量的未来行为进行预测，GM(1, 1)是较常用的数列预测模型。根据实际情况，也可以考虑采用其他灰色模型，在定性分析的基础上，定义适当的算子，对算子作用后的序列建立 GM 模型，通过精度检验后，即可用于预测。

例 2.6.1 某油田的石油生产量（2017～2020 年）为

$$S = (101.50, 135.80, 235.00, 356.80)$$

则石油产量序列为

$$S_0 = \{s_0(1), s_0(2), s_0(3), s_0(4)\}$$
$$= (101.5, 135.8, 235.0, 356.8)$$

（1）对 S_0 作 1-AGO，得

$$S_1 = \{s_1(1), s_1(2), s_1(3), s_1(4)\} = (101.5, 237.3, 472.3, 829.1)$$

（2）对 S_1 作紧邻均值生成，令

$$t_1(i) = 0.5 \cdot [s_1(i) + s_1(i-1)]$$

可得

$$T_1 = \{t_1(1), t_1(2), t_1(3), t_1(4)\}$$
$$= (101.5, 169.4, 354.8, 650.7)$$

于是

$$M = \begin{bmatrix} -t_1(2) & 1 \\ -t_1(3) & 1 \\ -t_1(4) & 1 \end{bmatrix} = \begin{bmatrix} -169.4 & 1 \\ -354.8 & 1 \\ -650.7 & 1 \end{bmatrix}, \quad W = \begin{bmatrix} x_0(2) \\ x_0(3) \\ x_0(4) \end{bmatrix} = \begin{bmatrix} 135.8 \\ 235.0 \\ 356.8 \end{bmatrix}$$

做最小二乘估计得

$$\hat{a} = [a, b] = (M^T M)^{-1} M^T W$$
$$= \begin{bmatrix} -0.454\,8 \\ 64.427\,8 \end{bmatrix}$$

（3）确定白化方程

$$\frac{ds_1}{dt} - 0.454\,8 s_1 = 64.427\,8$$

及时间响应序列

$$\hat{s}_1(i+1) = \left(s_0(1) - \frac{b}{a}\right) e^{-ai} + \frac{b}{a}$$
$$= 243.169\,3 e^{0.454\,8i} - 141.669\,3$$

（4）求 S_1 的模拟值为

$$\hat{S}_1 = \{\hat{s}_1(1), \hat{s}_1(2), \hat{s}_1(3), \hat{s}_1(4)\}$$
$$= (101.5, 241.531\,0, 462.200\,1, 809.943\,2)$$

（5）还原 S_0 的模拟值，由

$$\hat{s}_0(i+1) = \hat{s}_1(i+1) - \hat{s}_1(i)$$

可得

$$\hat{S}_0 = \{\hat{s}_0(1), \hat{s}_0(2), \hat{s}_0(3), \hat{s}_0(4)\}$$
$$= (101.5, 140.031, 220.669\,1, 347.743\,1)$$

（6）误差检验，如表 2.10 所示。

表 2.10　残差与相对误差计算结果

序号	实际数据 $s_0(i)$	模拟数据 $\hat{s}_0(i)$	残差 $\varepsilon(i)=s_0(i)-\hat{s}_0(i)$	相对误差 $\Delta_i=\left\|\dfrac{\varepsilon(i)}{s_0(i)}\right\|$
2	135.8	140.031 0	−4.231 0	0.031 156
3	235.0	220.669 1	14.330 9	0.060 983
4	356.8	347.743 1	9.056 9	0.025 384

①平均相对误差。

$$\Delta=\frac{1}{3}\sum_{i=1}^{3}\Delta_k=\frac{1}{3}(0.031156+0.060\,983+0.025\,384)=0.039\,2$$
$$=3.92\%$$

参考表 2.9，精度等级介于一级和二级之间。

②计算 S 与 $\hat{S}$ 的灰色绝对关联度。

$$|t_0|=\left|\sum_{i=2}^{3}(s_0(i)-s_1(1))+\frac{1}{2}(s_0(4)-s_0(1))\right|$$
$$=\left|(135.8-101.5)+(235.0-101.5)+\frac{1}{2}(356.8-101.5)\right|$$
$$=\left|34.3+133.5+127.65\right|$$
$$=295.45$$

$$|\hat{t}|=\left|\sum_{i=1}^{3}(s_0(i)-\hat{s}(1))+\frac{1}{2}(\hat{s}(4)-\hat{s}(1))\right|$$
$$=\left|(140.031-101.5)+(220.669\,1-101.5)+\frac{1}{2}(347.743\,1-101.5)\right|$$
$$=\left|38.531+119.169\,1+123.121\,55\right|$$
$$=280.821\,65$$

$$|\hat{t}-t_0|=\left|\sum_{i=2}^{3}\left[(s_0(i)-s_0(1))-(\hat{s}(i)-\hat{s}(1))\right]+\frac{1}{2}\left[(s_0(4)-s_0(1))-(\hat{s}(4)-\hat{s}(1))\right]\right|$$
$$=\left|(38.531-34.3)+(119.169\,1-133.5)+\frac{1}{2}(123.121\,55-127.65)\right|$$
$$=\left|4.231-14.330\,9-2.264\,225\right|$$
$$=12.364\,125$$

$$\varepsilon_{01} = \frac{1 + |t_0| + |\hat{t}|}{1 + |t_0| + |\hat{t}| + |\hat{t} - t_0|} = \frac{1 + 295.45 + 280.821\,65}{1 + 295.45 + 280.821\,65 + 12.364\,15} = \frac{577.271\,65}{599.635\,775}$$
$$= 0.978\,665\,8 > 0.90$$

参考表 2.9，其关联度为一级。

③计算均方差比值 C。

$$S_{\text{mean}} = \frac{1}{4} \sum_{i=1}^{4} s_0(i) = 202.485\,8,$$

$$S_{\text{var}}^2 = \frac{1}{4} \sum_{i=1}^{4} (s_0(i) - S_{\text{mean}})^2 = 11\,843, \qquad S_{\text{var}} = 107.158\,760\,724\,450\,3$$

$$\varepsilon_{\text{mean}} = \frac{1}{4} \sum_{i=1}^{4} \varepsilon(i) = 4.789\,2,$$

$$\varepsilon_{\text{var}}^2 = \frac{1}{4} \sum_{i=1}^{4} (\varepsilon(i) - \varepsilon_{\text{mean}})^2 = 71.185\,9, \qquad \varepsilon_{\text{var}} = 8.437\,173\,697\,394\,169$$

所以 $C = \dfrac{\varepsilon_{\text{var}}}{S_{\text{var}}} = \dfrac{8.437\,173\,697\,394\,169}{107.158\,760\,724\,450\,3} = 0.078\,735\,267\,563\,327\,4 < 0.35$，均方差比值为一级。

④计算小误差概率。

因为

$$0.674\,5 S_1 = 72.278\,6$$

$$|\varepsilon(1) - \varepsilon_{\text{mean}}| = 72.278, \qquad |\varepsilon(2) - \varepsilon_{\text{mean}}| = 76.509\,6$$

$$|\varepsilon(3) - \varepsilon_{\text{mean}}| = 57.947\,7, \qquad |\varepsilon(4) - \varepsilon_{\text{mean}}| = 57.947\,7$$

所以 $p = p(|\varepsilon(i) - \varepsilon_{\text{mean}}| < 0.674\,5 S_1) = 1 > 0.95$，小误差概率为一级，则有

$$\hat{s}_1(i+1) = 243.169\,3 e^{0.454\,8i} - 141.669\,3$$

$$\hat{s}_0(i+1) = \hat{s}_1(i+1) - \hat{s}_1(i)$$

若石油生产量的变化趋势能够遵循历史生产量的变化规律，则可预测出后两年的生产量为

$$\hat{S}_0 = (\hat{s}_0(5), \hat{s}_0(6)) = (558.132\,7, 882.357\,0)$$

当然，石油生产受到自然环境、国际油价、国内经济发展状况等影响时会有所变化，因此，其产量的确定需要考虑多方因素。

2.7　本 章 小 结

本章首先介绍了灰色系统理论的产生和发展，随后介绍三种不确定方法、灰色系统的基本概念、灰色系统理论的基本原理以及灰数。通过上述介绍，对灰数有个基本

的认识。

随后，为更加深入了解灰色系统，还介绍了序列算子与灰色序列生成。其中包括：冲击扰动系统与序列算子、缓冲算子的构造方法、缓冲算子构造、均值生成算子、序列的光滑性、级比生成算子、累加生成算子和累减生成算子及灰指数律。通过对原始数据的挖掘与整理或者构造生成某些算子，找到研究对象的变化规律，可以对数据的本质有更深层次的认知。

接着本章介绍了灰色关联分析。从灰色关联因素和关联算子集、灰色关联公理与灰色关联度、灰色关联分析的应用举例、广义灰色关联度、灰色相对关联度及灰色综合关联度分别介绍了灰色关联分析。多种因素对灰色系统的综合作用，如何界定主要因素，次要因素，采用灰色关联分析对样本数量、样本规律性不敏感，这相比用数理统计方法有更好的优势。

最后，介绍了灰色系统模型及灰色系统预测。灰色系统模型主要介绍 GM(1, 1) 模型、残差 GM(1, 1) 模型及模型的适用范围。残差 GM(1, 1) 模型在 GM(1, 1) 模型基础上进行修正，提高精度。灰色系统预测是通过原始数据的处理和灰色模型的建立，发现、掌握系统发展规律，对系统未来状态做出科学合理预测。

第 *3* 章

基于特权信息的支持向量机

3.1 基于特权信息的支持向量机一阶模型

3.1.1 基于特权信息的支持向量机基本原理

1. SVM+模型

通常将监督学习描述为：给定一个概率分布 $P(x,y)$ 未知的训练集 $(x_1,y_1),(x_2,y_2),\cdots,$ (x_l,y_l)。对这个训练集进行学习，在给定的一系列函数 $f(x,a),a \in \Lambda$ 中寻找一个函数 $y=f(x,\alpha^*)$ 使得待分类的测试样本点被错误分类的概率达到最小[106]。

在数据挖掘过程中，基于特权信息的学习方法除需要处理标准的训练数据集 $(x,y) \in X \times \{\pm 1\}$，还需要处理一些特权信息 $x^* \in X^*$。这些特权信息能应用到训练样本中，却不能应用于测试样本。所以该方法要求：给定一个训练集 $\{(x_i,x_i^*,y_i)\}_{i=1}^l$，寻找一个函数 $f: X \to \{-1,1\}$，使得对待分类的测试样本点有较小的误差率。此外，基于特权信息的学习方法在一定程度上能够对 SVM 模型起到补充作用。基于特权信息的模型和一般 SVM 模型的不同之处是在训练阶段，给出的是带有特权信息的样本集 (x,x^*,y) 而不是 (x,y)。这些特权信息 $x^* \in X^*$ 是属于一个不同于 X 空间的 X^* 空间。

给定的训练集 (x,x^*,y) 包括来自空间 X 的 k 个向量 x 和来自空间 X^* 的 $l-k$ 个向量 x^*，我们做映射 $x \to z \in Z, x^* \to z^* \in Z^*$。由此，可分别定义线性的决策函数和校正函数为 $(w \cdot z)+b$ 和 $(w^* \cdot z^*)+b^*$。令松弛变量 $\xi_i = (w^* \cdot z_i^*)+b^*$，求解如下的最优化问题：

$$\min_{w,w^*,b,b^*} \quad \frac{1}{2}[(w \cdot w)+\gamma(w^* \cdot w^*)]+C\sum_{i=1}^{l-k}[(w^* \cdot z_i^*)+b^*]$$

$$\text{s.t.} \quad \begin{cases} y_i[(w \cdot z_i)+b] \geqslant 1-[(w^* \cdot z_i^*)+b^*] & (i=1,\cdots,k) \\ (w^* \cdot z_i^*)+b^* \geqslant 0 & (i=k+1,\cdots,l) \end{cases} \tag{3.1}$$

其中，γ 和 C 为惩罚系数。

2. SVM+模型的对偶问题

为了解决 SVM+模型的对偶问题，下面引入两个非负拉格朗日乘子 α,β 来构建拉格朗日函数：

$$\begin{aligned} L(w,b,w^*,b^*,\alpha,\beta) &= \frac{1}{2}[(w \cdot w)+\gamma(w^* \cdot w^*)]+C\sum_{i=1}^{l-k}[(w^* \cdot z_i^*)+b^*] \\ &\quad -\sum_{i=1}^l \alpha_i\{y_i[(w \cdot z_i)+b]-1+[(w^* \cdot z_i^*)+b^*]\} \\ &\quad -\sum_{i=1}^l \beta_i[(w^* \cdot z_i^*)+b^*] \end{aligned} \tag{3.2}$$

然后，对函数中的变量 w,b,w^*,b^* 分别求导后令其为零，得到对偶问题为

$$\max_{\alpha,\beta} \sum_{i=1}^{l} \alpha_i - \frac{1}{2} \sum_{i,j=1}^{k} \alpha_i \alpha_j y_i y_j K(\boldsymbol{x}_i, \boldsymbol{x}_j)$$

$$- \frac{1}{2\gamma} \sum_{i,j=k+1}^{l} (\alpha_i + \beta_i - C)(\alpha_j + \beta_j - C) K^*(\boldsymbol{x}_i^*, \boldsymbol{x}_j^*)$$

$$\text{s.t.} \begin{cases} \sum_{i=1}^{l} (\alpha_i + \beta_i - C) = 0 \\ \sum_{i=1}^{l} y_i \alpha_i = 0 \\ \alpha_i \geqslant 0 \\ \beta_i \geqslant 0 \end{cases} \tag{3.3}$$

这里，$K(\boldsymbol{x}_i, \boldsymbol{x}_j)$ 和 $K^*(\boldsymbol{x}_i^*, \boldsymbol{x}_j^*)$ 分别为 X 和 X^* 空间的核函数，也可定义为 Z 和 Z^* 空间上的内积，即 $(\boldsymbol{z}_i, \boldsymbol{z}_j)$ 和 $(\boldsymbol{z}_i^*, \boldsymbol{z}_j^*)$。

近年来，对具有特权信息的 SVM 模型的理论有了新的研究：Niu 和 Wu 提出了基于非线性 L-1 支持向量机的特殊信息学习[107]，Cai 设计了基于 SVM+方法的高级学习方法[108]，Wang 和 Ji 完成了对隐藏信息的学习与分类[109-110]，以及 Lapin 等深入研究了 SVM+和加权 SVM[111]。

在算法改进方面，Ji 等设计了多任务多类特权信息支持向量机[112]，Chen 等利用边缘信息提升分类器性能[113]，Wang 等使用贝叶斯网络学习特权信息[114]，Sharmanska 等完成了迁移特权信息的学习[115]，Zhang 等设计了一种使用特权信息的新型极限学习机[116]。

在应用研究方面，Yang 和 Patras 将基于条件回归森林运用于人脸特征检测[117]，Motiian 等探讨了基于特权信息视觉识别的学习瓶颈问题[118]，Yan 等将基于特权信息的主动学习应用到跨媒体的图像分类[119]，Vrigkas 等利用特殊信息进行面部表情识别[120]，Yang 等完成了基于特权信息的 SVM 经验风险最小化度量学习[121]，Niu 等利用 Web 数据中的特权信息完成了行为和事件的识别[122]，接着 Pechyony 和 Vapnik 进一步地深化了基于特权信息的分类模型的理论，并提出了一些应用前景[123]。

当然，具有特权信息的 SVM 模型的应用除以上研究外，下面还讨论三个应用场景。

第一，基于特权信息的 SVM 模型在恶意软件检测中的应用。在工程、金融、医药等方面的一些重要应用问题可以作为基于分类的异常检测问题。解决这些问题的办法是使用 SVM 来描述正常状态。为检测异常，Burnaev 提出了一种新的分类方法[124]。同时制定了一个新的问题陈述及相应的算法，可以在训练阶段考虑到特权信息。使用合成数据集以及恶意软件分类数据集来评估新方法的性能。Burnaev 提供了改进分类问题的方法即允许合并特权信息。从实验结果可以看出，在某些情况下，特权信息可以显著提高异常检测的准确性。在特权信息对于相关问题的结构没有用的情况下，特权信息不会对分类功能产生重大影响。

第二，基于特权信息的 SVM 模型在高级学习范式中的应用。在 Vapnik 的 *Estimation of Dependences Based on Empirical Data*《基于经验数据的依赖性估计》一书中，引入了一种名为学习使用隐藏信息的高级学习范式[125]。书中还提出用 SVM 的扩展算法来解决 LUHI 示例。与现有的机器学习模式中教师模型不起作用相比，在新的范式中，教师模型可以为学生模型提供解释、评论、比较等方面存在的隐藏信息。Vapnik 讨论了新范式的细节和相应算法，同时考虑特定信息的几种具体形式，在解决实际问题时展示新范式优于经典范式[125]。这种新的学习范式使得科学与人文情感等元素进行整合。在数字识别问题中这样整合的元素描述为特权信息，这种特权信息有助于新范式的学习。新范式是广泛适用的，它不仅可以成为机器学习的一个重要分析方向，也可以成为统计学、认知科学和哲学领域的重要分析方向。

第三，基于特权信息的 SVM 模型与经验风险最小化（empirical risk minmization，ERM）算法的综合应用。在使用特权信息的学习范式中，除决策空间中的标准训练数据之外，教师还向学习者提供特权信息。学习者的目标是在决策空间中找到一个泛化误差较小的分类器。Pechyony 和 Vapnik 制定具有特权信息的经验风险最小化算法，称为特权 ERM，并给出风险约束且叙述了修正空间的条件[123]。即使决策空间中的原始学习问题非常困难，特权 ERM 也允许进行快速学习。结果显示在决策空间中特权 ERM 比常规 ERM 的学习速率要快。

3.1.2 全部训练样本存在特权信息的支持向量机基本原理

1. aSVM+ 模型

给定的训练集 (x,x^*,y) 全部来自空间 X 的 l 个向量 x 和来自空间 X^* 的 l 个向量 x^*，我们做映射 $x \to z \in Z, x^* \to z^* \in Z^*$。由此，分别定义线性的决策函数和校正函数为 $(w \cdot z)+b$ 和 $(w^* \cdot z^*)+b^*$。令松弛变量 $\xi_i = (w^* \cdot z^*)+b^*$，求解如下的最优化问题：

$$\min_{w,w^*,b,b^*} \quad \frac{1}{2}[(w \cdot w)+\gamma(w^* \cdot w^*)]+C\sum_{j=1}^{l}[(w^* \cdot z_j^*)+b^*]$$

$$\text{s.t.} \begin{cases} y_i[(w \cdot z_i)+b] \geq 1-[(w^* \cdot z_i^*)+b^*] & (i=1,\cdots,l) \\ (w^* \cdot z_i^*)+b^* \geq 0 & (i=1,\cdots,l) \end{cases} \tag{3.4}$$

其中，γ 和 C 为惩罚系数。

2. aSVM+ 模型的对偶问题

为了解决 aSVM+模型的对偶问题，引入两个非负拉格朗日乘子 α,β 来构建拉格朗日函数：

$$\begin{aligned} L(w,b,w^*,b^*,\alpha,\beta) = & \frac{1}{2}[(w \cdot w)+\gamma(w^* \cdot w^*)]+C\sum_{j=1}^{l}[(w^* \cdot z_j^*)+b^*] \\ & -\sum_{i=1}^{l}\alpha_i\{y_i[(w \cdot z_i)+b]-1+[(w^* \cdot z_i^*)+b^*]\} \\ & -\sum_{i=1}^{l}\beta_i[(w^* \cdot z_i^*)+b^*] \end{aligned} \tag{3.5}$$

然后，对函数中的变量 w, b, w^*, b^* 分别求导后令其为零，得到对偶问题为

$$\max_{\alpha, \beta} \sum_{i=1}^{l} \alpha_i - \frac{1}{2} \sum_{i,j=1}^{l} \alpha_i \alpha_j y_i y_j K(\boldsymbol{x}_i, \boldsymbol{x}_j)$$

$$- \frac{1}{2\gamma} \sum_{i,j=1}^{l} (\alpha_i + \beta_i - C)(\alpha_j + \beta_j - C) K^*(\boldsymbol{x}_i^*, \boldsymbol{x}_j^*)$$

$$\text{s.t.} \begin{cases} \sum_{i=1}^{l} (\alpha_i + \beta_i - C) = 0 \\ \sum_{i=1}^{l} y_i \alpha_i = 0 \\ \alpha_i \geqslant 0 \\ \beta_i \geqslant 0 \end{cases} \tag{3.6}$$

记 $H = y_i y_j K(\boldsymbol{x}_i, \boldsymbol{x}_j) = (y_i y_j \boldsymbol{z}_i \boldsymbol{z}_j)_{l \times l}, H^* = (\boldsymbol{z}_i \boldsymbol{z}_j)_{l \times l}$，则上述对偶问题的矩阵形式为

$$\min_{\alpha, \beta} \frac{1}{2} \alpha^{\mathrm{T}} H \alpha + \frac{1}{2\gamma} (\alpha + \beta - C)^{\mathrm{T}} H^* (\alpha + \beta - C) - e^{\mathrm{T}} \alpha$$

$$\text{s.t.} \begin{cases} \alpha^{\mathrm{T}} y = 0 \\ 0 \leqslant e^{\mathrm{T}} \alpha \leqslant e^{\mathrm{T}} C \end{cases} \tag{3.7}$$

假设 α 和 β 是对偶问题的解。接下来，将展示如何计算决策函数中的偏移量 b。根据 KKT 条件可知：

$$H\alpha + \frac{1}{\gamma}(\alpha + \beta - C) H^* - e + yb - s^* + \xi^* = 0 \tag{3.8}$$

$$s^* \geqslant 0, \quad \xi^* \geqslant 0, \quad s^* e^{\mathrm{T}} \alpha = 0 \tag{3.9}$$

由 $\alpha > 0$，可知 $s^* > 0$。从而得到

$$H\alpha + yb = e - \frac{1}{\gamma}(\alpha + \beta - C) H^* - \xi^* \tag{3.10}$$

$$y_i(\boldsymbol{w} \cdot \boldsymbol{z}_i + b) = 1 - (\boldsymbol{w}^* \cdot \boldsymbol{z}_i^* + b^*) \tag{3.11}$$

用拉格朗日乘子 α 和 β 表示上述条件，则

$$K_{ij} = K(\boldsymbol{x}_i, \boldsymbol{x}_j) \tag{3.12}$$

$$K_{ij}^* = K(\boldsymbol{x}_i^*, \boldsymbol{x}_j^*) \tag{3.13}$$

$$F_i = \sum_{j=1}^{n} \alpha_i y_j \tag{3.14}$$

$$f_i = \sum_{j=1}^{n} (\alpha_j + \beta_j - C) K_{ij}^* \tag{3.15}$$

$$\alpha > 0 \Rightarrow y_i = F_i + y_i b = 1 - \frac{1}{\gamma} f_i - b^* \tag{3.16}$$

最后一个条件也可以为

$$\begin{cases} \alpha > 0, y_i = 1 \Rightarrow b + b^* = 1 - \dfrac{1}{\gamma} f_i - F_i \\ \alpha > 0, y_i = -1 \Rightarrow b - b^* = -1 + \dfrac{1}{\gamma} f_i - F_i \end{cases} \tag{3.17}$$

式（3.17）激发了以下计算 b 的方式

$$s_+ = \sum_{i:\alpha_i > 0, y_i = 1} 1 - \frac{1}{\gamma} f_i - F_i \tag{3.18}$$

$$s_- = \sum_{i:\alpha_i > 0, y_i = 1} -1 + \frac{1}{\gamma} f_i - F_i \tag{3.19}$$

$$n_+ = \left| \{ i : \alpha_i > 0, y_{i=1} \} \right| \tag{3.20}$$

$$n_- = \left| \{ i : \alpha_i > 0, y_{i=-1} \} \right| \tag{3.21}$$

由此可得

$$b = \frac{\left(\dfrac{s_+}{n_+} + \dfrac{s_-}{n_-} \right)}{2} \tag{3.22}$$

$$b^* = \frac{s_+}{n_+} - \frac{\left(\dfrac{s_+}{n_+} + \dfrac{s_-}{n_-} \right)}{2} \tag{3.23}$$

通过求解上述对偶问题，定义决策函数 $y = \text{sgn}[f(\boldsymbol{x})]$，其中

$$f(\boldsymbol{x}) = (\boldsymbol{w} \cdot \boldsymbol{z}) + b = \sum_{i=1}^{l} \alpha_i y_i K(\boldsymbol{x}_i, \boldsymbol{x}) \tag{3.24}$$

3.1.3　全部训练样本存在特权信息且松弛变量改动的支持向量机基本原理

1. rSVM+ 模型

对于全部训练样本存在特权信息的灰色支持向量机，我们通过改动松弛变量对模型进行改进。通过线性函数 $\phi(\boldsymbol{x}_i') = (\boldsymbol{w}^* \cdot \boldsymbol{z}_i^*) + b^*$ 和变量 ξ_i^* 混合的函数来定义松弛变量 ξ_i，由此可得

$$\xi_i = [(\boldsymbol{w}^* \cdot \boldsymbol{z}_i^*) + b^*] + \xi_i^* \quad (i = 1, \cdots, l) \tag{3.25}$$

$$(\boldsymbol{x}^* \cdot \boldsymbol{z}_i^*) + b^* \geqslant 0, \quad \xi_i^* \geqslant 0 \quad (i = 1, \cdots, l) \tag{3.26}$$

求解如下的最优化问题：

$$\min_{w,w^*,b,b^*,\xi^*} \frac{1}{2}[(w \cdot w) + \gamma(w^* \cdot w^*)] + C\sum_{i=1}^{l}[(w^* \cdot z^*) + b^*] + \theta C\sum_{i=1}^{l}\xi_i^*$$

$$\text{s.t.} \begin{cases} y_i[(w \cdot z_i) + b] \geqslant 1 - [(w^* \cdot z_i^*) + b^*] - \xi_i^* \\ (w^* \cdot z_i^*) + b^* \geqslant 0 \\ \xi_i^* \geqslant 0 \end{cases} \tag{3.27}$$

其中：γ 和 C 为惩罚系数；参数 θ 的作用是调节线性函数和变量 $\phi(x_i') = (w^* \cdot z_i^*) + b^*$ 和变量 ξ_i^* 两者之间的惩罚程度。

2. $r\text{SVM}+$ 模型的对偶问题

$r\text{SVM}+$模型线性规划的对偶问题为

$$\max_{\alpha,\beta} \sum_{i=1}^{l}\alpha_i - \frac{1}{2}\sum_{i,j=1}^{l}\alpha_i\alpha_j y_i y_j K(x_i, x_j) - \frac{1}{2\gamma}\sum_{i,j=1}^{l}(\alpha_i + \beta_i - C)(\alpha_j + \beta_j - C)K^*(x_i^*, x_j^*)$$

$$\text{s.t.} \begin{cases} \sum_{i=1}^{l}(\alpha_i + \beta_i - C) = 0 \\ \sum_{i=1}^{l} y_i\alpha_i = 0 \\ 0 \leqslant \alpha_i \leqslant \theta C \\ \alpha_i \geqslant 0 \\ \beta_i \geqslant 0 \end{cases} \tag{3.28}$$

通过求解上述对偶问题，定义决策函数 $y = \text{sgn}[f(x)]$，其中

$$f(x) = (w \cdot z) + b = \sum_{i=1}^{l}\alpha_i y_i K(x_i, x) \tag{3.29}$$

3.1.4　部分训练样本存在特权信息的支持向量机基本原理

1. $p\text{SVM}+$ 模型

当样本中有一部分存在可提供的特权信息，而 n 个样本是没有特权信息时，样本集合表示为 $(x_1, y_1), \cdots, (x_n, y_n)$，$(x_{n+1}, x_{n+1}^*, y_{n+1}), \cdots, (x_l, x_l^*, y_l)$。在这种情况下，只需要对有特权信息的样本做些处理，这种情况的最优化模型为

$$\min_{w,w^*,b,b^*} \frac{1}{2}[(w \cdot w) + \gamma(w^* \cdot w^*)] + C\sum_{i=1}^{n}\xi_i + C^*\sum_{i=n+1}^{l}[(w^* \cdot z_i^*) + b^*]$$

$$\text{s.t.} \begin{cases} y_i[(w \cdot z_i) + b] \geqslant 1 - \xi_i & (i = 1, \cdots, n) \\ y_i[(w \cdot z_i) + b] \geqslant 1 - [(w^* \cdot z_i^*) + b^*] & (i = n+1, \cdots, l) \\ \xi_i \geqslant 0 & (i = 1, \cdots, n) \\ (w^* \cdot z_i^*) + b^* \geqslant 0 & (i = n+1, \cdots, l) \end{cases} \tag{3.30}$$

其中：γ、C、C^* 为惩罚系数。

2. pSVM+ 模型的对偶问题

pSVM+模型线性规划的对偶问题为

$$\max_{\alpha,\beta} \ \sum_{i=1}^{l}\alpha_i - \frac{1}{2}\sum_{i,j=1}^{l}\alpha_i\alpha_j y_i y_j K(\boldsymbol{x}_i,\boldsymbol{x}_j)$$

$$-\frac{1}{2\gamma}\sum_{i,j=n+1}^{l}(\alpha_i+\beta_i-C)(\alpha_j+\beta_j-C)K^*(\boldsymbol{x}_i^*,\boldsymbol{x}_j^*)$$

$$\text{s.t.} \begin{cases} \alpha_i+\beta_i-C=0 & (i=1,\cdots,n) \\ \sum_{i=n+1}^{l}(\alpha_i+\beta_i-C^*)=0 \\ \sum_{i=1}^{l}y_i\alpha_i=0 \\ \alpha_i \geqslant 0 \\ \beta_i \geqslant 0 \end{cases} \tag{3.31}$$

通过求解上述对偶问题，定义决策函数 $y=\text{sgn}[f(\boldsymbol{x})]$，其中

$$f(\boldsymbol{x})=(\boldsymbol{w}\cdot\boldsymbol{z})+b=\sum_{i=1}^{l}\alpha_i y_i K(\boldsymbol{x}_i,\boldsymbol{x}) \tag{3.32}$$

3.1.5 特权信息来自多空间的支持向量机基本原理

1. mSVM+ 模型

假设所给的特权信息来自不同的空间，不失一般性，可以考虑两个校正空间：X^* 和 X^{**} 空间。令所给的样本集中部分样本点的形式为 $(\boldsymbol{x}_i,\boldsymbol{x}_i^*,y_i)$ $(i=1,\cdots,n)$，剩下部分样本点的形式为 $(\boldsymbol{x}_i,\boldsymbol{x}_i^{**},y_i)$ $(i=n+1,\cdots,l)$。

为了让样本集线性可分，把向量 $\boldsymbol{x}\in X$ 映射到空间 Z，向量 $\boldsymbol{x}^*\in X^*$ 映射到空间 Z^*，向量 $\boldsymbol{x}^{**}\in X^{**}$ 映射到空间 Z^{**}，组成三个线性函数 $(\boldsymbol{w}\cdot\boldsymbol{z})+b$，$(\boldsymbol{w}^*\cdot\boldsymbol{z}^*)+b^*$，$(\boldsymbol{w}^{**}\cdot\boldsymbol{z}^{**})+b^{**}$。由此可以得到来自多空间的特权信息学习模型的最优化问题为

$$\min_{\boldsymbol{w},\boldsymbol{w}^*,\boldsymbol{w}^{**},b,b^*,b^{**}} \frac{1}{2}\{(\boldsymbol{w}\cdot\boldsymbol{w})+\gamma[(\boldsymbol{w}^*\cdot\boldsymbol{w}^*)+(\boldsymbol{w}^{**}\cdot\boldsymbol{w}^{**})]\}+C\sum_{i=1}^{n}[(\boldsymbol{w}^*\cdot\boldsymbol{z}_i^*)+b^*]+C^*\sum_{i=n+1}^{l}[(\boldsymbol{w}^{**}\cdot\boldsymbol{z}_i^{**})+b^{**}]$$

$$\text{s.t.} \begin{cases} y_i[(\boldsymbol{w}\cdot\boldsymbol{z}_i)+b]\geqslant 1-[(\boldsymbol{w}^*\cdot\boldsymbol{z}_i^*)+b^*] & (i=1,\cdots,n) \\ y_i[(\boldsymbol{w}\cdot\boldsymbol{z}_i)+b]\geqslant 1-[(\boldsymbol{w}^{**}\cdot\boldsymbol{z}_i^{**})+b^{**}] & (i=n+1,\cdots,l) \\ (\boldsymbol{w}^*\cdot\boldsymbol{z}_i^*)+b^*\geqslant 0 & (i=1,\cdots,n) \\ (\boldsymbol{w}^{**}\cdot\boldsymbol{z}_i^{**})+b^{**}\geqslant 0 & (i=n+1,\cdots,l) \end{cases}$$

$$\tag{3.33}$$

其中：γ、C、C^* 为惩罚系数。

　2. mSVM+ 模型的对偶问题

mSVM+ 模型线性规划的对偶问题为

$$\max_{\alpha,\beta}\ \sum_{i=1}^{l}\alpha_i-\frac{1}{2}\sum_{i,j=1}^{l}\alpha_i\alpha_j y_i y_j K(\boldsymbol{x}_i,\boldsymbol{x}_j)$$

$$-\frac{1}{2\gamma}\sum_{i,j=1}^{n}(\alpha_i+\beta_i-C)(\alpha_j+\beta_j-C)K^*(\boldsymbol{x}_i^*,\boldsymbol{x}_j^*)$$

$$-\frac{1}{2\gamma}\sum_{i,j=n+1}^{l}(\alpha_i+\beta_i-C)(\alpha_j+\beta_j-C)K^{**}(\boldsymbol{x}_i^{**},\boldsymbol{x}_j^{**})$$

$$\text{s.t.}\begin{cases}\sum_{i=1}^{n}(\alpha_i+\beta_i-C)=0\\[2mm]\sum_{i=n+1}^{l}(\alpha_i+\beta_i-C^*)=0\\[2mm]\sum_{i=1}^{l}y_i\alpha_i=0\\[2mm]\alpha_i\geqslant 0\\[2mm]\beta_i\geqslant 0\end{cases}\tag{3.34}$$

通过求解上述对偶问题，定义决策函数 $y=\text{sgn}[f(\boldsymbol{x})]$，其中

$$f(\boldsymbol{x})=(\boldsymbol{w}\cdot\boldsymbol{z})+b=\sum_{i=1}^{l}\alpha_i y_i K(\boldsymbol{x}_i,\boldsymbol{x})\tag{3.35}$$

3.2　基于特权信息的支持向量机二阶模型

3.2.1　部分样本存在特权信息且松弛变量改动的支持向量机基本原理

　1. prSVM+ 模型

当样本中有一部分存在可提供的特权信息，而 n 个样本是没有特权信息时，样本集合表示为 $(\boldsymbol{x}_1,y_1),\cdots,(\boldsymbol{x}_n,y_n)$，$(\boldsymbol{x}_{n+1},\boldsymbol{x}_{n+1}^*,y_{n+1}),\cdots,(\boldsymbol{x}_l,\boldsymbol{x}_l^*,y_l)$。在这种情况下，只需要对有特权信息的样本做些处理。我们通过线性函数 $\phi(\boldsymbol{x}_i')=(\boldsymbol{w}^*\cdot\boldsymbol{z}_i^*)+b^*$ 和变量 ξ_i^* 混合的函数来定义松弛变量 ξ_i，由此得到

$$\xi_i = \begin{cases} \xi_i^* & (i=1,\cdots,n) \\ [(\boldsymbol{w}^* \cdot \boldsymbol{z}_i^*) + b^*] + \xi_i^* & (i=n+1,\cdots,l) \end{cases} \tag{3.36}$$

$$(\boldsymbol{w}^* \cdot \boldsymbol{z}_i^*) + b^* \geqslant 0, \quad \xi_i^* \geqslant 0 \quad (i=n+1,\cdots,l) \tag{3.37}$$

在这种情况下的最优化模型为

$$\min_{\boldsymbol{w},\boldsymbol{w}^*,b,b^*} \frac{1}{2}[(\boldsymbol{w} \cdot \boldsymbol{w}) + \gamma(\boldsymbol{w}^* \cdot \boldsymbol{w}^*)] + C\sum_{i=1}^{n}\xi_i + C^*\sum_{i=n+1}^{l}[(\boldsymbol{w}^* \cdot \boldsymbol{z}_i^*) + b^*] + \theta C^*\sum_{i=n+1}^{l}\xi_i^*$$

$$\text{s.t.} \begin{cases} y_i[(\boldsymbol{w} \cdot \boldsymbol{z}_i) + b] \geqslant 1 - \xi_i & (i=1,\cdots,n) \\ y_i[(\boldsymbol{w} \cdot \boldsymbol{z}_i) + b] \geqslant 1 - [(\boldsymbol{w}^* \cdot \boldsymbol{z}_i^*) + b^*] - \xi_i^* & (i=n+1,\cdots,l) \\ \xi_i \geqslant 0 & (i=1,\cdots,n) \\ (\boldsymbol{w}^* \cdot \boldsymbol{z}_i^*) + b^* \geqslant 0 & (i=n+1,\cdots,l) \\ \xi_i^* \geqslant 0 \end{cases} \tag{3.38}$$

其中：γ、C、C^* 为惩罚系数；参数 θ 的作用是用来调节线性函数和变量 $\phi(\boldsymbol{x}_i) = (\boldsymbol{w}^* \cdot \boldsymbol{z}_i^*) + b^*$ 和变量 ξ_i^* 两者之间的惩罚程度。

2. $pr\text{SVM}+$ 模型的对偶问题

$pr\text{SVM}+$ 模型线性规划的对偶问题为

$$\max_{\alpha,\beta} \sum_{i=1}^{l}\alpha_i - \frac{1}{2}\sum_{i,j=1}^{l}\alpha_i\alpha_j y_i y_j K(\boldsymbol{x}_i,\boldsymbol{x}_j)$$

$$- \frac{1}{2\gamma}\sum_{i,j=n+1}^{l}(\alpha_i + \beta_i - C)(\alpha_j + \beta_j - C)K^*(\boldsymbol{x}_i^*,\boldsymbol{x}_j^*)$$

$$\text{s.t.} \begin{cases} \alpha_i + \beta_i - C = 0 & (i=1,\cdots,n) \\ \sum_{i=n+1}^{l}(\alpha_i + \beta_i - C^*) = 0 \\ \sum_{i=1}^{l}y_i\alpha_i = 0 \\ 0 \leqslant \alpha_i \leqslant \theta C^* \\ \beta_i \geqslant 0 \end{cases} \tag{3.39}$$

通过求解上述对偶问题，定义决策函数 $y = \text{sgn}[f(\boldsymbol{x})]$，其中

$$f(\boldsymbol{x}) = (\boldsymbol{w} \cdot \boldsymbol{z}) + b = \sum_{i=1}^{l}\alpha_i y_i K(\boldsymbol{x}_i,\boldsymbol{x}) \tag{3.40}$$

3.2.2 特权信息来自多空间且松弛变量改动的支持向量机基本原理

1. $mr\text{SVM}+$ 模型

假设所给的特权信息来自不同的空间，不失一般性，可以考虑两个校正空间：X^*

和 X^{**} 空间。令所给的样本集中部分样本点的形式为 $(\boldsymbol{x}_i, \boldsymbol{x}_i^*, y_i)$ $(i = 1, \cdots, n)$，剩下部分样本点的形式为 $(\boldsymbol{x}_i, \boldsymbol{x}_i^{**}, y_i)$ $(i = n+1, \cdots, l)$。

为了使样本集线性可分，将向量 $\boldsymbol{x} \in X$ 映射到空间 Z，向量 $\boldsymbol{x}^* \in X^*$ 映射到空间 Z^*，向量 $\boldsymbol{x}^{**} \in X^{**}$ 映射到空间 Z^{**}，由此组成三个线性函数 $(\boldsymbol{w} \cdot \boldsymbol{z}) + b$，$(\boldsymbol{w}^* \cdot \boldsymbol{z}^*) + b^*$，$(\boldsymbol{w}^{**} \cdot \boldsymbol{z}^{**}) + b^{**}$。通过线性函数 $\phi(\boldsymbol{x}_i') = (\boldsymbol{w}^* \cdot \boldsymbol{z}_i^*) + b^*$ 和变量 ξ_i^* 混合的函数来定义松弛变量 ξ_i，由此得出：

$$\xi_{i1} = [(\boldsymbol{w}^* \cdot \boldsymbol{z}_i^*) + b^*] + \xi_{i1}^* \quad (i = 1, \cdots, n) \tag{3.41}$$

$$\xi_{i2} = [(\boldsymbol{w}^{**} \cdot \boldsymbol{z}_i^{**}) + b^{**}] + \xi_{i2}^* \quad (i = n+1, \cdots, l) \tag{3.42}$$

$$(\boldsymbol{w}^* \cdot \boldsymbol{z}_i^*) + b^* \geqslant 0, \qquad \xi_{i1}^* \geqslant 0 \quad (i = 1, \cdots, n) \tag{3.43}$$

$$(\boldsymbol{w}^{**} \cdot \boldsymbol{z}_i^{**}) + b^{**} \geqslant 0, \qquad \xi_{i2}^* \geqslant 0 \quad (i = n+1, \cdots, l) \tag{3.44}$$

可以得到最优化问题为

$$\min_{\boldsymbol{w}, \boldsymbol{w}^*, \boldsymbol{w}^{**}, b, b^*, b^{**}} \frac{1}{2} \{(\boldsymbol{w} \cdot \boldsymbol{w}) + \gamma[(\boldsymbol{w}^* \cdot \boldsymbol{w}^*) + (\boldsymbol{w}^{**} \cdot \boldsymbol{w}^{**})]\} + C \sum_{i=1}^{n} [(\boldsymbol{w}^* \cdot \boldsymbol{z}_i^*) + b^*] + \theta_1 C \sum_{i=1}^{l} \xi_{i1}^*$$

$$+ C^* \sum_{i=n+1}^{l} [(\boldsymbol{w}^{**} \cdot \boldsymbol{z}_i^{**}) + b^{**}] + \theta_2 C^* \sum_{i=1}^{l} \xi_{i2}^*$$

$$\text{s.t.} \begin{cases} y_i[(\boldsymbol{w} \cdot \boldsymbol{z}_i) + b] \geqslant 1 - [(\boldsymbol{w}^* \cdot \boldsymbol{z}_i^*) + b^*] - \xi_{i1}^* & (i = 1, \cdots, n) \\ y_i[(\boldsymbol{w} \cdot \boldsymbol{z}_i) + b] \geqslant 1 - [(\boldsymbol{w}^{**} \cdot \boldsymbol{z}_i^{**}) + b^{**}] - \xi_{i2}^* & (i = n+1, \cdots, l) \\ (\boldsymbol{w}^* \cdot \boldsymbol{z}_i^*) + b^* \geqslant 0 & (i = 1, \cdots, n) \\ (\boldsymbol{w}^{**} \cdot \boldsymbol{z}_i^{**}) + b^{**} \geqslant 0 & (i = n+1, \cdots, l) \\ \xi_{i1}^* \geqslant 0, \xi_{i2}^* \geqslant 0 \end{cases} \tag{3.45}$$

其中：γ、C、C^* 为惩罚系数；参数 θ_1 的作用是调节线性函数和变量 $\phi(\boldsymbol{x}_i) = (\boldsymbol{w}^* \cdot \boldsymbol{z}_i^*) + b^*$ 和变量 ξ_{i1}^* 两者之间的惩罚程度；参数 θ_2 的作用是调节线性函数和变量 $\phi(\boldsymbol{x}_i) = (\boldsymbol{w}^{**} \cdot \boldsymbol{z}_i^{**}) + b^{**}$ 和变量 ξ_{i2}^* 两者之间的惩罚程度。

2. mrSVM+ 模型的对偶问题

mrSVM+ 模型线性规划的对偶问题为

$$\max_{\alpha, \beta} \quad \sum_{i=1}^{l} \alpha_i - \frac{1}{2} \sum_{i,j=1}^{l} \alpha_i \alpha_j y_i y_j K(\boldsymbol{x}_i, \boldsymbol{x}_j)$$

$$- \frac{1}{2\gamma} \sum_{i,j=1}^{n} (\alpha_i + \beta_i - C)(\alpha_j + \beta_j - C) K^*(\boldsymbol{x}_i^*, \boldsymbol{x}_j^*)$$

$$- \frac{1}{2\gamma} \sum_{i,j=n+1}^{l} (\alpha_i + \beta_i - C^*)(\alpha_j + \beta_j - C^*) K^*(\boldsymbol{x}_i^*, \boldsymbol{x}_j^*)$$

$$\text{s.t.}\begin{cases}\sum_{i=1}^{l}(\alpha_i+\beta_i-C)=0\\\sum_{i=n+1}^{l}(\alpha_i+\beta_i-C^*)=0\\\sum_{i=1}^{l}y_i\alpha_i=0\\0\leqslant\alpha_i\leqslant\theta_1 C\quad(i=1,\cdots,n)\\0\leqslant\alpha_i\leqslant\theta_2 C^*\quad(i=n+1,\cdots,l)\end{cases}\tag{3.46}$$

通过求解上述对偶问题，定义决策函数 $y=\text{sgn}[f(\boldsymbol{x})]$，其中

$$f(\boldsymbol{x})=(\boldsymbol{w}\cdot\boldsymbol{z})+b=\sum_{i=1}^{l}\alpha_i y_i K(\boldsymbol{x}_i,\boldsymbol{x})\tag{3.47}$$

3.2.3 部分训练样本存在特权信息且特权信息来自多空间的支持向量机基本原理

1. $pm\text{SVM}+$ 模型

当样本中有一部分存在可提供的特权信息，而 n 个样本是没有特权信息时，样本集合表示为

$$(\boldsymbol{x}_1,y_1),\cdots,(\boldsymbol{x}_n,y_n),\quad(\boldsymbol{x}_{n+1},\boldsymbol{x}_{n+1}^*,y_{n+1}),\cdots,(\boldsymbol{x}_m,\boldsymbol{x}_m^*,y_m),\quad(\boldsymbol{x}_{m+1},\boldsymbol{x}_{m+1}^*,y_{m+1}),\cdots,(\boldsymbol{x}_l,\boldsymbol{x}_l^*,y_l)$$

假设所给的特权信息来自不同的空间，不失一般性，可以考虑两个校正空间：X^* 和 X^{**} 空间。令所给的样本集中部分样本点的形式为 $(\boldsymbol{x}_i,\boldsymbol{x}_i^*,y_i)$ $(i=n+1,\cdots,m)$，剩下部分样本点的形式为 $(\boldsymbol{x}_i,\boldsymbol{x}_i^{**},y_i)$ $(i=m+1,\cdots,l)$。

$$\min_{\boldsymbol{w},\boldsymbol{w}^*,b,b^*}\frac{1}{2}[(\boldsymbol{w}\cdot\boldsymbol{w})+\gamma(\boldsymbol{w}^*\cdot\boldsymbol{w}^*)+(\boldsymbol{w}^{**}\cdot\boldsymbol{w}^{**})]+C\sum_{i=1}^{n}\xi_i+C^*\sum_{i=n+1}^{m}[(\boldsymbol{w}^*\cdot\boldsymbol{z}_i^*)+b^*]$$
$$+C^{**}\sum_{i=m+1}^{l}[(\boldsymbol{w}^{**}\cdot\boldsymbol{z}_i^{**})+b^{**}]$$

$$\text{s.t.}\begin{cases}y_i[(\boldsymbol{w}\cdot\boldsymbol{z}_i)+b]\geqslant1-\xi_i&(i=1,\cdots,n)\\y_i[(\boldsymbol{w}\cdot\boldsymbol{z}_i)+b]\geqslant1-[(\boldsymbol{w}^*\cdot\boldsymbol{z}_i^*)+b^*]&(i=n+1,\cdots,m)\\y_i[(\boldsymbol{w}\cdot\boldsymbol{z}_i)+b]\geqslant1-[(\boldsymbol{w}^{**}\cdot\boldsymbol{z}_i^{**})+b^{**}]&(i=m+1,\cdots,l)\\\xi_i\geqslant0&(i=1,\cdots,n)\\(\boldsymbol{w}^*\cdot\boldsymbol{z}_i^*)+b^*\geqslant0&(i=n+1,\cdots,m)\\(\boldsymbol{w}^{**}\cdot\boldsymbol{z}_i^{**})+b^{**}\geqslant0&(i=m+1,\cdots,l)\end{cases}\tag{3.48}$$

其中：γ、C、C^*、C^{**} 为惩罚系数。

2. *pm*SVM + 模型的对偶问题

*pm*SVM+模型线性规划的对偶问题为

$$\max_{\alpha,\beta} \sum_{i=1}^{l}\alpha_i - \frac{1}{2}\sum_{i,j=1}^{l}\alpha_i\alpha_j y_i y_j K(\boldsymbol{x}_i,\boldsymbol{x}_j)$$

$$-\frac{1}{2\gamma}\sum_{i,j=n+1}^{m}(\alpha_i+\beta_i-C^*)(\alpha_j+\beta_j-C^*)K^*(\boldsymbol{x}_i^*,\boldsymbol{x}_j^*)$$

$$-\frac{1}{2\gamma}\sum_{i,j=m+1}^{l}(\alpha_i+\beta_i-C^{**})(\alpha_j+\beta_j-C^{**})K^{**}(\boldsymbol{x}_i^{**},\boldsymbol{x}_j^{**})$$

$$\text{s.t.}\begin{cases} \alpha_i+\beta_i-C=0 \quad (i=1,\cdots,n) \\ \displaystyle\sum_{i=n+1}^{m}(\alpha_i+\beta_i-C^*)=0 \\ \displaystyle\sum_{i=m+1}^{l}(\alpha_i+\beta_i-C^{**})=0 \\ \displaystyle\sum_{i=1}^{l}y_i\alpha_i=0 \\ \alpha_i\geqslant 0 \\ \beta_i\geqslant 0 \end{cases} \tag{3.49}$$

通过求解上述对偶问题，定义决策函数 $y=\text{sgn}[f(\boldsymbol{x})]$，其中

$$f(\boldsymbol{x})=(\boldsymbol{w}\cdot\boldsymbol{z})+b=\sum_{i=1}^{l}\alpha_i y_i K(\boldsymbol{x}_i,\boldsymbol{x}) \tag{3.50}$$

3.3　基于特权信息的支持向量机三阶模型

3.3.1　部分训练样本存在特权信息来自多空间的松弛变量改动支持向量模型

本章提出了基于特权信息的灰色支持向量机三阶模型 *pmr*SVM + ，给定 l（$l\in\mathbf{N}^+$）个样本，假设：

（1）其中 n（$n\in\mathbf{N}^+$）个样本无特权信息，其余 $(l-n)$ 个样本具有特权信息；

（2）具有特权信息的 $(l-n)$ 个样本来自于 t（$t\in\mathbf{N}^+$）个不同的特权空间。即样本集合可表示为

$$(\boldsymbol{x}_1,y_1),\cdots,(\boldsymbol{x}_n,y_n),\ (\boldsymbol{x}_{n+1},\boldsymbol{x}_{n+1}^1,y_{n+1}),\cdots,(\boldsymbol{x}_m,\boldsymbol{x}_m^1,y_m),\cdots,$$

$$(\boldsymbol{x}_A,\boldsymbol{x}_A^j,y_A),\cdots,(\boldsymbol{x}_B,\boldsymbol{x}_B^j,y_B),\cdots,(\boldsymbol{x}_d,\boldsymbol{x}_d^t,y_d),\cdots,(\boldsymbol{x}_l,\boldsymbol{x}_l^t,y_l),\ 0\leqslant n\leqslant m\leqslant A\leqslant B\leqslant d\leqslant l$$

$$n\in\mathbf{N}^+,\ m\in\mathbf{N}^+,\ A\in\mathbf{N}^+,\ B\in\mathbf{N}^+,\ d\in\mathbf{N}^+$$

对训练集 (x,y) 与 (x,x^j,y)，将向量 $x \in X$ 映射到空间 Z，向量 $x^j \in X^j$ 映射到空间 Z^j。第 $j(j=1,2,\cdots,t)$ 个特权空间中的松弛变量 ξ^j 可用校正函数 $\varphi(x_i^j)=(w \cdot z_i^j)+b^j$ 与变量 ξ_i^j 混合模拟，即 $\xi^j=[(w^j \cdot z_i^j)+b^j]+\xi_i^j$，$(w^j \cdot z_i^j)+b^j \geq 0$，$\xi_i^j \geq 0$ $(1 \leq i \leq l)$。求解如下线性规划问题：

$$\min_{w,w^1,\cdots,w^t,b,b^1,\cdots,b^t,\xi,\xi^1,\cdots,\xi^t} \frac{1}{2}\{(w \cdot w)+\gamma[(w^1 \cdot w^1)+\cdots+(w^j \cdot w^j)+\cdots+(w^t \cdot w^t)]\}$$

$$+C\sum_{i=1}^{n}\xi_i+C_1\sum_{i=n+1}^{m}[(w^1 \cdot z_i^1)+b^1]+\theta_1 C_1\sum_{i=n+1}^{m}\xi_i^1+\cdots$$

$$+C_j\sum_{A}^{B}[(w^j \cdot z_i^j)+b^j]+\theta_j C_j\sum_{i=A}^{B}\xi_i^j+\cdots$$

$$+C_k\sum_{i=d}^{l}[(w^t \cdot z_i^t)+b^t]+\theta_k C_k\sum_{i=d}^{l}\xi_i^t \quad (3.51)$$

$$\text{s.t.}\begin{cases} y_i[(w \cdot z_i)+b] \geq 1-\xi_i & (i=1,\cdots,n) \\ y_i[(w \cdot z_i)+b] \geq 1-[(w^j \cdot z_i^j)+b^j+\xi_i^j] & (j=1,2,\cdots,t) \\ \xi_i \geq 0 & (i=1,\cdots,n) \\ \xi_i^1,\xi_i^2,\cdots,\xi_i^t \geq 0 & \\ (w^j \cdot z_i^j)+b^j \geq 0 & (j=1,2,\cdots,t) \end{cases}$$

其中：i 为对应特权空间的样本序号；γ、C、C_j 为惩罚参数；参数 θ_j 的作用是调节线性函数 $\varphi(x_i^j)=(w^j \cdot z_i^j)+b^j$ 与变量 ξ_i^j 两者之间的惩罚程度。

3.3.2 部分训练样本存在特权信息且特权信息来自多空间的松弛变量改动支持向量模型的对偶问题

求解此二次优化问题的标准方法是构造拉格朗日函数，引入拉格朗日乘子 α_i 与 β_i，$\alpha_i \geq 0$，$\beta_i \geq 0$ $(0 \leq i \leq l)$。首先极小化 $w,w^1,\cdots,w^t,b,b^1,\cdots,b^t,\xi,\xi^1,\cdots,\xi^t$，然后极大化拉格朗日乘子 α 与 β，可得到原始模型的对偶问题为

$$\max_{\alpha,\beta} \sum_{i=1}^{l}\alpha_i - \frac{1}{2}\sum_{i,k=1}^{l}\alpha_i\alpha_k y_i y_k K(x_i,x_k)$$

$$-\frac{1}{2\gamma}\sum_{i,k=n+1}^{m}(\alpha_i+\beta_i-C_1)(\alpha_k+\beta_k-C_1)K^1(x_i^1,x_k^1)-\cdots$$

$$-\frac{1}{2\gamma}\sum_{i,k=A}^{B}(\alpha_i+\beta_i-C_j)(\alpha_k+\beta_k-C_j)K^j(x_i^j,x_k^j)-\cdots$$

$$-\frac{1}{2\gamma}\sum_{i,k=d}^{l}(\alpha_i+\beta_i-C_t)(\alpha_k+\beta_k-C_t)K^t(x_i^t,x_k^t)$$

$$\text{s.t.}\begin{cases} \displaystyle\sum_{i=1}^{l}\alpha_i y_i = 0 \\[2mm] \displaystyle\sum_{i=1}^{n}(\alpha_i + \beta_i - C) = 0 \\[2mm] \displaystyle\sum_{i=n+1}^{m}(\alpha_i + \beta_i - C_1) = 0 \\[2mm] \displaystyle\sum_{i=A}^{B}(\alpha_i + \beta_i - C_j) = 0 \\[2mm] \displaystyle\sum_{i=d}^{l}(\alpha_i + \beta_i - C_t) = 0 \\[2mm] 0 \leqslant \alpha_i \leqslant \theta_j C_j \quad (i=1,\cdots,l; j=1,\cdots,t) \\[2mm] \alpha_i \geqslant 0, \beta_i \geqslant 0 \end{cases} \tag{3.52}$$

其中：A，B 分别为相应特权空间的起始样本与终止样本序号。

在这种情况下，对偶空间解决方案定义决策函数 $y = \text{sgn}[f(x)]$，其中

$$f(x) = (w \cdot z) + b = \sum_{i=1}^{l}\alpha_i y_i K(x_i, x) \tag{3.53}$$

3.4　基于特权信息的灰色支持向量机模型

3.4.1　灰色支持向量机

1. gSVM 模型

首先对数据进行灰数白化的处理，即给定数据集 (x, y)，其中 x 的分量 x 可为灰数，根据第 2.2.4 节所提灰数白化方法对数据集进行等权白化或者等权均值白化。灰数 $x \in [a, b]$，将白化值 x' 取为

$$x' = \alpha a + (1-\alpha)b \quad (\alpha \in [0,1]) \tag{3.54}$$

经过处理后的数据集变为 (x', y)。

给定的训练集 (x', y)，做映射 $x' \to z \in Z$。由此，定义线性的决策函数 $(w \cdot z) + b$ 和松弛变量为 $\xi_i = (w^* \cdot z^*) + b^*$，求解如下的最优化问题：

$$\begin{cases} \displaystyle\max_{w,b} \frac{2}{\|w\|} \\[3mm] \text{s.t.} \quad y_i(w^T x_i' + b) \geqslant 1 \quad (i=1,\cdots,n) \end{cases} \tag{3.55}$$

等价于：

$$\begin{cases} \min\limits_{w,b} \dfrac{1}{2}\|\boldsymbol{w}\|^2 \\ \text{s.t.} \quad y_i(\boldsymbol{w}^\mathrm{T}\boldsymbol{x}_i' + b) \geqslant 1 \quad (i=1,\cdots,n) \end{cases} \tag{3.56}$$

2. gSVM 模型的对偶问题

构造以下拉格朗日函数：

$$L(\boldsymbol{w},b,\boldsymbol{\alpha}) = \frac{1}{2}\boldsymbol{w}^\mathrm{T}\boldsymbol{w} - \sum_{i=1}^{n}\alpha_i[y_i(\boldsymbol{w}^\mathrm{T}\boldsymbol{x}_i' + b) - 1] \tag{3.57}$$

对 $L(w,b,\alpha)$ 关于 w 和 b 求偏导，并将结果设置为零，得到最优条件：

$$\begin{cases} \dfrac{\partial L(\boldsymbol{w},b,\boldsymbol{\alpha})}{\partial \boldsymbol{w}} = 0 \\[2mm] \dfrac{\partial L(\boldsymbol{w},b,\boldsymbol{\alpha})}{\partial b} = 0 \end{cases} \tag{3.58}$$

则

$$\begin{cases} \boldsymbol{w} = \sum\limits_{i=1}^{n}\alpha_i y_i \boldsymbol{x}_i' \\[2mm] \sum\limits_{i=1}^{n}\alpha_i y_i = 0 \end{cases} \tag{3.59}$$

将式（3.58）和式（3.59）代入拉格朗日函数方程[式（3.57）]，得到相应的对偶问题：

$$\max_{\alpha} W(\alpha) = \sum_{i=1}^{n}\alpha_i - \frac{1}{2}\sum_{i=1}^{n}\sum_{j=1}^{n}\alpha_i\alpha_j y_i y_j \boldsymbol{x}_i'^{\mathrm{T}}\boldsymbol{x}_j'$$

$$\text{s.t.} \begin{cases} \sum\limits_{i=1}^{n}\alpha_i y_i = 0 \\[2mm] \alpha_i \geqslant 0 \quad (i=1,\cdots,n) \end{cases} \tag{3.60}$$

与此同时，KKT 的补充条件为

$$\alpha_i[y_i(\boldsymbol{w}^\mathrm{T}\boldsymbol{x}_i' + b) - 1] = 0 \quad (i=1,\cdots,n) \tag{3.61}$$

因此，最接近最优超平面的支持向量 $(\boldsymbol{x}_i', y_i)$ 对应于非零 α_i，其他 α_i 等于零。

3.4.2 基于特权信息的灰色支持向量机

1. gSVM+ 模型

首先对数据进行灰数白化的处理，即给定数据集 $(\boldsymbol{x},\boldsymbol{x}^*,y)$，其中 $\boldsymbol{x},\boldsymbol{x}^*$ 的分量均可为灰数，根据第 2.2.4 节所提灰数白化方法对数据集进行等权白化或者等权均值白化。

设灰数 $x \in [a,b]$，$x^* \in [c,d]$，将白化值取为

$$x' = \alpha a + (1-\alpha)b \quad (\alpha \in [0,1]) \tag{3.62}$$

$$x'^* = \alpha c + (1-\alpha)d \quad (\alpha \in [0,1]) \tag{3.63}$$

经过处理后的数据集变为 (x', x'^*, y)。

给定的训练集 (x', x'^*, y)，包括了来自空间 X 的向量 x' 和来自空间 X^* 的向量 x'^*，做映射 $x' \to z \in Z, x'^* \to z^* \in Z^*$。由此分别定义线性的决策函数和校正函数为 $(w \cdot z) + b$ 和 $(w^* \cdot z^*) + b^*$。令松弛变量 $\xi_i = (w^* \cdot z^*) + b^*$，求解如下的最优化问题：

$$\min_{w,w^*,b,b^*} \frac{1}{2}[(w \cdot w) + \gamma(w^* \cdot w^*)] + C\sum_{i=1}^{l}[(w^* \cdot z_i^*) + b^*]$$

$$\text{s.t.} \begin{cases} y_i[(w \cdot z_i) + b] \geq 1 - [(w^* \cdot z_i^*) + b^*] & (i=1,\cdots,l) \\ (w^* \cdot z_i^*) + b^* \geq 0 & (i=1,\cdots,l) \end{cases} \tag{3.64}$$

其中：γ 和 C 为惩罚系数。

2. gSVM+ 模型的对偶问题

为解决对偶问题，引入两个非负拉格朗日乘子 α, β 来构建拉格朗日函数：

$$\begin{aligned} L(w,b,w^*,b^*,\alpha,\beta) &= \frac{1}{2}[(w \cdot w) + \gamma(w^* \cdot w^*)] + C\sum_{i=1}^{l}[(w^* \cdot z^*) + b^*] \\ &- \sum_{i=1}^{l}\alpha_i\{y_i[(w \cdot z_i) + b] - 1 + [(w^* \cdot z_i^*) + b^*]\} \\ &- \sum_{i=1}^{l}\beta_i[(w^* \cdot z_i^*) + b^*] \end{aligned} \tag{3.65}$$

然后，对函数中的变量 w, b, w^*, b^* 分别求导后令其为零，得到对偶问题为

$$\max_{\alpha,\beta} \sum_{i=1}^{l}\alpha_i - \frac{1}{2}\sum_{i,j=1}^{l}\alpha_i\alpha_j y_i y_j K(x_i', x_j')$$

$$- \frac{1}{2\gamma}\sum_{i,j=1}^{l}(\alpha_i + \beta_i - C)(\alpha_j + \beta_j - C)K^*(x_i'^*, x_j'^*)$$

$$\text{s.t.} \begin{cases} \sum_{i=1}^{l}(\alpha_i + \beta_i - C) = 0 \\ \sum_{i=1}^{l}y_i\alpha_i = 0 \\ \alpha_i \geq 0 \\ \beta_i \geq 0 \end{cases} \tag{3.66}$$

通过求解上述对偶问题，可获得 gSVM+ 模型的最优超平面。

3.5 本 章 小 结

本章主要从以下几个方面介绍基于特权信息的支持向量机模型及其改进模型。

第一，特权信息的来源不同。首先，详细研究全部训练样本存在特权信息的支持向量机 $a\text{SVM}+$，包括数学模型、基本原理及求解过程。随后，针对特权信息存在的不同形式，又研究了三类改进模型：①全部训练样本存在特权信息且松弛变量改动的支持向量机 $r\text{SVM}+$；②部分训练样本存在特权信息的支持向量机 $p\text{SVM}+$；③特权信息来自多空间的支持向量机 $m\text{SVM}+$。

第二，支持向量机的类型。根据特权信息分布情况，本书设计 3 种不同的基于特权信息的支持向量机二阶模型：①部分样本存在特权信息且松弛变量改动的支持向量机 $pr\text{SVM}+$；②特权信息来自多空间且松弛变量改动的支持向量机 $mr\text{SVM}+$；③部分训练样本存在特权信息且特权信息来自多空间的支持向量机 $pm\text{SVM}+$。

由于现实数据集并不都是特别完整的数据集，部分属性缺失的现象较为常见，本章设计基于特权信息的支持向量机综合模型 $pmr\text{SVM}+$，这个模型就可以处理这类棘手的数据集。

最后，本章根据灰数白化理论与支持向量机的联系提出了灰色支持向量机模型 $g\text{SVM}$，并结合基于特权信息的支持向量机模型，提出基于特权信息的灰色支持向量机模型 $g\text{SVM}+$。

第 4 章

仿 真 实 验

4.1　*r*SVM+的仿真实验

为验证基于特权信息的灰色支持向量机算法的性能，本章实验分为：①全部训练样本存在特权信息且松弛变量改动的支持向量机 *r*SVM + 的仿真实验；②部分训练样本存在特权信息的支持向量机 *p*SVM + 的仿真实验；③基于特权信息的灰色支持向量机模型 *g*SVM + 的仿真实验。

基于公平原则考虑，本章所有实验均在 Windows10 操作系统中进行，实验环境为 Intel(R)Core(TM) i5-8250U CPU@1.60 GHz 1.80 GHz RAM 8.00 GB，采用 MATLAB R2016a 版软件。

本章采用默认参数标准 SVM、标准 SVM + 作为对比，在 UCI 数据库中选择数据集进行了 MATLAB 仿真对比实验。本章将首先说明仿真实验的环境设置、采用的实验数据集和相关实验细节，然后对实验结果进行分析并给出相应的结论。

4.1.1　数据集

本部分数据主要从 UCI 数据库中选用了 4 个数据集。测试 *r*SVM + 算法性能，选用的这些数据集包含多类数据集和二类数据集，并且每个数据集的特征数也各不一样。此外，3 种算法的关键参数，如惩罚参数 C、调节参数 θ、对特权空间的惩罚参数 γ、核函数选择等设置如表 4.1 所示。

表 4.1　算法参数设置

数据集	参数设置
Heart Disease	$C=0.1$，$\theta=0.1$，$\gamma=0.07$，$t=0$，$T=0$
Abalone	$C=0.5$，$\theta=0.4$，$\gamma=1$，$t=0$，$T=0$
Lonosphere	$C=0.1$，$\theta=0.5$，$\gamma=0.01$，$t=0$，$T=0$
Breast Cancer Wisconsin	$C=0.1$，$\theta=0.1$，$\gamma=1$，$t=0$，$T=0$

实验数据集的相关数据如表 4.2 所示。

表 4.2　rSVM+实验数据集

数据集	样本数	特征数	选择特征个数	特权信息个数
Heart Disease	270	14	9	3
Abalone	4 177	9	6	1
Lonosphere	351	35	34	8
Breast Cancer Wisconsin	569	32	30	4

4.1.2　实验设置细节

在寻找 SVM 最优参数组合过程中，用到了 K 折交叉验证证法。其具体过程为对于每一个实验数据集，首先随机分为 k 个子数据集，将第 1 个子数据集作为测试数据集，其余 $K-1$ 个子数据集作为训练数据集，构造分类模型后可以得到 1 个分类准确率，依次进行交叉实验便可以得到多个分类准确率，取其中分类准确率最高的那个作为总体分类准确率，同时输出其对应的最优参数组合信息。在本章中，K 折交叉验证实验在每一个实验数据集上都会进行 10 次，这样将会得到 10 个总体分类准确率及其对应的 10 组最优参数信息，最终取 10 个总体分类准确率的平均值作为对应数据集的分类精度。

当然，本节也考虑当数据集为二分类数据集时，只采用总体分类准确率作为单一指标来评估分类器性能的优劣有所欠缺。因为评估 SVM 分类器性能的优劣，不仅要看正类和负类同时被准确划分的程度，也需要查看正负召回率之间的均衡性，也就是两者间要保持一定平衡，差距不能过大。对于二分类数据集来说，这一点更为重要。因此，本小节除总体分类准确率，对其正召回率和负召回率都进行了计算，通过正负召回率之差来评估这种均衡性。关于正召回率、负召回率和总体分类准确率可分别由下面几个公式计算。

$$P_1 = \frac{\mathrm{TP}}{\mathrm{TP} + \mathrm{FN}} \tag{4.1}$$

$$P_2 = \frac{\mathrm{TN}}{\mathrm{TN} + \mathrm{FP}} \tag{4.2}$$

$$P_3 = \frac{\mathrm{TP} + \mathrm{TN}}{\mathrm{TN} + \mathrm{FP} + \mathrm{FN} + \mathrm{FP}} \tag{4.3}$$

式（4.1）～式（4.3）中：TP 和 FN 分别表示被准确分类和被错误分类的正类样本的数量；TN 和 FP 分别表示被准确分类与被错误分类的负类样本的数量。

为了检验 rSVM+模型的学习结果，对标准 SVM 和标准 SVM+模型进行对比实验。数值实验分为训练与测试两个阶段，同时数据也分为训练数据与测试数据。我们将现有的这 4 组数据集的原有属性拆分，选择其中一部分作为训练数据的特权信息进行实验。具体地，对上述 4 组数据集设计如下方案。

对 Heart Disease 数据集，在 SVM 中，没有特权信息，故训练数据和测试数据只有可观察信息，选择特征 2、3、6、7、8、9 为可观察信息。在标准 SVM＋和 rSVM＋中的训练数据既含有非特权信息和特权信息，还包含特征 2、3、6、7、8、9 的可观察信息和特征 1、5 的特权信息，而测试数据则只含有特征 2、3、6、7、8、9 的可观察信息。

对 Abalone 数据集，在 SVM 中，选择特征 2、3、4、5、6 为可观察信息。在 SVM＋和 rSVM＋中的训练数据既含有非特权信息和特权信息，还包含特征 2、3、4、5、6 的可观察信息和特征 7 的特权信息，而测试数据则只含有特征 2、3、4、5、6 的可观察信息。

对 Lonosphere 数据集，在 SVM 中，选择特征 5～30 为可观察信息。在 SVM＋和 rSVM＋中的训练数据既含有非特权信息和特权信息，还包含特征 5～30 的可观察信息和特征 2、3、4、31、32、33、34、35 的特权信息，而测试数据则只含有特征 5～30 的可观察信息。

对 Breast Cancer Wisconsin 数据集，在 SVM 中，选择特征 7～32 为可观察信息。在 SVM＋和 rSVM＋中的训练数据既含有非特权信息和特权信息，还包含特征 7～32 的可观察信息和特征 3、4、5、6 的特权信息，而测试数据则只含有特征 7～32 的可观察信息。

4.1.3　仿真测试结果

对于选定的数据集，每种算法都分别进行 10 次实验，实验结果包括平均准确率、正召回率、负召回率、正负召回率差。SVM、SVM＋、rSVM＋三种算法实验结果如表 4.3、表 4.4 所示。

表 4.3　SVM、SVM+、rSVM+三种算法的平均准确率

数据集	平均准确率/%		
	SVM	SVM+	rSVM+
Heart Disease	71.67	73.34	76.67
Abalone	76.67	84.17	87.50
Lonosphere	70.83	81.67	83.33
Breast Cancer Wisconsin	90.00	93.33	95.00

表 4.4　SVM、SVM+、rSVM+三种算法的分类性能对比

数据集	SVM			SVM +			rSVM +		
	正召回率/%	负召回率/%	正负召回率差/%	正召回率/%	负召回率/%	正负召回率差/%	正召回率/%	负召回率/%	正负召回率差/%
Heart Disease	70.00	73.33	3.33	66.67	80.00	13.33	83.33	70.00	13.33
Abalone	96.70	56.67	40.03	90.00	78.33	11.67	91.67	83.33	8.34
Lonosphere	96.67	45.00	51.67	90.00	73.33	16.67	90.00	76.67	13.33
Breast Cancer Wisconsin	93.30	86.70	6.60	93.00	93.66	0.66	96.67	93.33	3.34

通过表 4.3 可知，首先，4 个数据集上 SVM + 的分类准确率优于 SVM，这也说明特权信息的使用能提高 SVM 模型的分类准确率。其次，rSVM + 在这 4 个数据集上的平均准确率均优于 SVM 和 SVM +，这说明通过对松弛变量的改进会提高 SVM + 模型的分类准确率。通过表 4.4 所知：从正召回率指标可知，除在 Abalone、Lonosphere 数据集 rSVM + 小于 SVM 以外，rSVM + 在其他数据集上均优于 SVM 和 SVM +；从负召回率指标可知，除在 Heart Disease、Breast Cancer Wisconsin 数据集外，rSVM + 在其余数据集上均优于 SVM 和 SVM +；从正负召回率之差指标可知，除 Heart Disease、Breast Cancer　Wisconsin 数据集外，rSVM + 在其余数据集上均优于 SVM 和 SVM +。同时，在 Abalone、Lonosphere 数据集中 rSVM + 优于 SVM 和 SVM +。总体说明 rSVM + 的分类均衡性优于 SVM 和 SVM +。综上所述，rSVM+ 在处理样本存在特权信息的数据集时的能力优于 SVM +。

4.2　pSVM+的仿真实验

4.2.1　数据集

本实验从 UCI 数据库中选用 8 个数据集。为了全面测试 pSVM + 算法性能，选用的数据集包含了多类数据集和二类数据集，并且每个数据集的特征数也各不一样。实验数据集相关数据如表 4.5 所示。

表 4.5 *p*SVM+实验数据集

数据集	样本数	特征数	选择特征个数	特权信息个数
Wine	116	5	4	1
Seeds	200	7	5	2
Pima Indian	200	8	5	3
Lonosphere	200	34	26	8
Abalone	200	6	5	1
Heart Disease	200	13	9	4
Breast Cancer Wisconsin	200	30	26	4
Liver Disorders	200	6	5	1

4.2.2 实验设置细节

为检验 *p*SVM+ 模型的学习结果，对 SVM 和 SVM+ 模型进行对比实验。数值实验分为训练与测试两个阶段，数据同时也分为训练数据与测试数据。我们把现有的 8 组数据集的原有属性进行拆分，选择其中一部分作为训练数据的特权信息进行实验。由于部分样本存在特权信息的支持向量机模型实验，所以假定 30% 的训练样本存在特权信息、70% 的训练样本没有特权信息。具体对上述数据集设计如下方案。

对 Wine 数据集，在 SVM 中，没有特权信息，故训练数据和测试数据只有可观察信息，选择特征 2、3、4、5 为可观察信息。在 SVM+ 和 *p*SVM+ 中的训练数据既含有非特权信息和特权信息，还包含特征 2、3、4、5 的可观察信息和特征 6 的特权信息，而测试数据则只含有特征 2、3、4、5 的可观察信息。

对 Seeds 数据集，在 SVM 中，训练数据和测试数据只有可观察信息，选择特征 4、5、6、8 为可观察信息。在 SVM+ 和 *p*SVM+ 中的训练数据既含有非特权信息和特权信息，还包含特征 4、5、6、8 的可观察信息和特征 7 的特权信息，而测试数据则只含有特征 4、5、6、8 的可观察信息。

对 Pima Indian 数据集，在 SVM 中，训练数据和测试数据只有可观察信息，选择特征 3、4、5、7、9 为可观察信息。在 SVM+ 和 *p*SVM+ 中的训练数据既含有非特权信息和特权信息，还包含特征 3、4、5、7、9 的可观察信息和特征 2、6、8 的特权信息，而测试数据则只含有特征 3、4、5、7、9 的可观察信息。

对 Lonosphere 数据集，在 SVM 中，训练数据和测试数据只有可观察信息，选择特征 5~30 为可观察信息。在 SVM + 和 pSVM + 中的训练数据既含有非特权信息和特权信息，还包含特征 5~30 的可观察信息和特征 2、3、4、31、32、33、34、35 的特权信息，而测试数据则只含有特征 5~特征 30 的可观察信息。

对 Abalone 数据集，在 SVM 中，训练数据和测试数据只有可观察信息，选择特征 2、3、4、5、6、7、8 为可观察信息。在 SVM + 和 pSVM + 中的训练数据既含有非特权信息和特权信息，还包含特征 2、3、4、5、6、7、8 的可观察信息和特征 9 的特权信息，而测试数据则只含有特征 2、3、4、5、6、7、8 的可观察信息。

对 Heart Disease 数据集，在 SVM 中，训练数据和测试数据只有可观察信息，选择特征 2、3、6、7、9、10、11、12、13 为可观察信息。在 SVM + 和 pSVM + 中的训练数据既含有非特权信息和特权信息，还包含特征 2、3、6、7、9、10、11、12、13 的可观察信息和特征 1、4、5、8 的特权信息，而测试数据则只含有特征 2、3、6、7、9、10、11、12、13 的可观察信息。

对 Breast Cancer Wisconsin 数据集，在 SVM 中，训练数据和测试数据只有可观察信息，选择特征 7~32 为可观察信息。在 SVM + 和 pSVM + 中的训练数据既含有非特权信息和特权信息，还包含特征 7~32 的可观察信息和特征 3、4、5、6 的特权信息，而测试数据只含有特征 7~32 的可观察信息。

对 Liver Disorders 数据集，在 SVM 中，训练数据和测试数据只有可观察信息，选择特征 2、3、4、5、6 为可观察信息。在 SVM + 和 pSVM + 中的训练数据既含有非特权信息和特权信息，还包含特征 2、3、4、5、6 的可观察信息和特征 7 的特权信息，而测试数据则只含有特征 2、3、4、5、6 的可观察信息。

4.2.3　仿真测试结果

对于选定的数据集，每种算法都分别进行 10 次实验，实验结果包括平均准确率、正召回率、负召回率、正负召回率差。SVM、SVM +、pSVM + 三种算法实验结果如表 4.6、表 4.7 所示。

表 4.6　SVM、SVM+、pSVM+三种算法的分类准确率

数据集	平均准确率/%		
	SVM	SVM +	pSVM +
Wine	86.11	91.67	94.45
Seeds	90.00	87.50	92.25
Pima Indian	71.66	70.00	75.83

续表

数据集	平均准确率/%		
	SVM	SVM +	pSVM +
Lonosphere	84.33	90.00	92.78
Abalone	90.00	81.67	95.00
Heart Disease	88.33	85.00	91.67
Breast Cancer Wisconsin	95.00	91.67	97.22
Liver Disorders	66.67	61.67	76.11

表 4.7 SVM、SVM+、pSVM+三种算法的分类性能对比

数据集	SVM			SVM +			pSVM +		
	正召回率 /%	负召回率 /%	召回率差 /%	正召回率 /%	负召回率 /%	召回率差 /%	正召回率 /%	负召回率 /%	召回率差 /%
Wine	77.78	98.89	21.11	88.89	94.45	5.56	91.67	97.22	5.55
Seeds	97.50	85.00	12.50	97.50	70.00	27.50	98.75	91.67	7.08
Pima Indian	73.30	69.11	4.19	76.67	63.33	13.34	81.67	70.00	11.67
Lonosphere	91.11	79.92	11.19	83.33	96.67	13.34	93.33	93.33	0.00
Abalone	90.22	91.67	1.45	98.33	70.00	28.33	95.00	96.67	1.67
Heart Disease	90.00	90.00	0.00	90.12	80.22	9.90	96.67	86.67	10.00
Breast Cancer Wisconsin	93.33	98.33	5.00	94.90	90.21	4.69	96.67	98.33	1.66
Liver Disorders	69.21	65.33	3.88	63.33	60.00	3.33	76.67	76.67	0.00

通过表 4.6 可知，除 Wine、Lonosphere 数据集上 SVM + 的分类准确率优于 SVM，其他的数据集上 SVM + 的分类准确度均小于 SVM。这也说明，当特权信息不完整即部分样本存在特权信息时，再使用标准 SVM + 去处理的时候，不仅不会提高准确率，反而有可能降低准确率。而 pSVM + 在这 8 个数据集上的平均分类准确率均优于 SVM 和 SVM +。通过表 4.7 所知：从正召回率指标可知，pSVM + 在这 8 个数据集除 Abalone 数据集外，均优于 SVM 和 SVM +；从负召回率指标可知，除 Wine、Lonosphere、Heart Disease 数据集，pSVM + 在其余 5 个数据集上均优于 SVM 和 SVM +；从正负召回率之差指标可知，除 Heart Disease、Pima Indian 数据集，pSVM + 在其余 7 个数据

集上均优于 SVM 和 SVM +。因此充分说明 pSVM + 的分类均衡性优于 SVM 和
SVM +。

由于本小节实验是在固定 30%的训练样本存在特权信息，70%的训练样本没有特
权信息，所以针对 Breast Cancer Wisconsin 数据集训练样本存在不同比例的特权信息
的情况，绘制图 4.1。

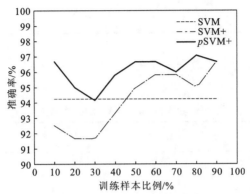

图 4.1　不同比例的训练样本存在特权信息时准确率变化

通过图 4.1 可以发现：首先，因为 SVM 在训练阶段没有特权信息，所以特权信息
的比例变化不会影响 SVM 的分类准确率；其次，当 100%的训练样本存在特权信息的
时候，也就是在全部样本存在特权信息的情况下，SVM + 和 pSVM + 是同一种情况，
故分类准确率相同；最后，特权信息的比例为 10%~90%时，pSVM + 的分类准确率均
优于 SVM +。综上所述，pSVM + 在处理部分样本存在特权信息的数据集时的能力优
于 SVM +。

4.3　gSVM+的仿真实验

为了研究灰色支持向量机的分类性能，本节实验分为：①灰色支持向量机 gSVM+
的仿真实验；②基于特权信息的灰色支持向量机 gSVM + 的仿真实验。

4.3.1　数据集

本实验从 UCI 数据库中选用两个数据集。为了全面测试 gSVM 和 gSVM + 算法性
能，选用的这两个数据集包含了多类数据集和二类数据集，并且每个数据集的特征数
也各不一样。此外，两种算法的关键参数，如惩罚参数 C、对特权空间的惩罚参数 γ、

核函数选择等算法参数设置如表 4.8 所示。

表 4.8　算法参数设置

数据集	参数设置
Breast Cancer Wisconsin	$C = 0.01$，$\gamma = 0.01$，$t = 0$，$T = 0$
Credit	$C = 0.1$，$\gamma = 0.1$，$t = 0$，$T = 0$

gSVM 和 gSVM + 的实验数据集相关数据如表 4.9 所示。

表 4.9　gSVM 和 gSVM+的实验数据集

数据集	样本数	特征数	选择特征个数
Breast Cancer Wisconsin	277	10	9
Credit	690	15	14

4.3.2　实验设置细节

为了检验 gSVM 和 gSVM + 模型的学习结果，我们进行了仿真实验。将现有的这两组数据集的原有属性进行拆分，选择其中一部分作为训练数据的特权信息进行实验。具体地，对上述两组数据集设计如下方案。

1. 灰色支持向量机 gSVM 的仿真实验

对 Breast Cancer Wisconsin 数据集，在 gSVM 中，没有特权信息，故训练数据和测试数据只有可观察信息，选择特征 2、3、4、5、6、7 为可观察信息。

对 Credit 数据集，在 gSVM 中，没有特权信息，故训练数据和测试数据只有可观察信息，选择特征 8、9、10、11、12、13、14 为可观察信息。

2. 基于特权信息的灰色支持向量机 gSVM+的仿真实验

本部分分为下面两组实验。

（1）可观察信息为灰数的情况。

对 Breast Cancer Wisconsin 数据集，gSVM + 的训练数据既含有非特权信息和特权信息，还包含特征 6、7、8、9、10 的可观察信息和特征 2、4、5 的特权信息，而测试数据则只含有特征 6、7、8、9、10 的可观察信息。

对 Credit 数据集，*g*SVM＋的训练数据既含有非特权信息和特权信息，还包含特征 8、9、10、11、12、13 的可观察信息和特征 2、3、7 的特权信息，而测试数据则只含有特征 8、9、10、11、12、13 的可观察信息。

（2）特权信息为灰数的情况。

由于只有特权信息为灰数，可观察信息全部为白数，故本实验选择 SVM 作为对比实验。

对 Breast Cancer Wisconsin 数据集，在 SVM 中，没有特权信息，故训练数据和测试数据只有可观察信息，选择特征 2、3、4、5、6、7 为可观察信息。*g*SVM＋的训练数据既含有非特权信息和特权信息，还包含特征 2、3、4、5、6、7 的可观察信息和特征 8、9、10 的特权信息，而测试数据则只含有特征 2、3、4、5、6、7 的可观察信息。

对 Credit 数据集，在 SVM 中，训练数据和测试数据只有可观察信息，选择特征 8、9、10、11、12、13、14 为可观察信息。*g*SVM＋的训练数据既含有非特权信息和特权信息，还包含特征 8、9、10、11、12、13、14 的可观察信息和特征 1、2、3、4、5、6、7 的特权信息，而测试数据则只含有特征 8、9、10、11、12、13、14 的可观察信息。

4.3.3　仿真测试结果

1. 灰色支持向量机 *g*SVM 仿真实验

对于选定的数据集，每种算法都分别进行 10 次实验，实验结果包括平均准确率、正召回率、负召回率、正负召回率差。*g*SVM 算法实验结果如表 4.10 所示。

表 4.10　*g*SVM 算法的分类性能

数据集	平均准确率/%	正召回率/%	负召回率/%	正负召回率差/%
Breast Cancer Wisconsin	88.75	95.00	85.00	10.00
Credit	85.00	96.67	73.33	23.34

2. 基于特权信息的灰色支持向量机 *g*SVM+ 的仿真实验

（1）可观察信息为灰数。

对于选定的部分可观察信息为灰数的数据集，每种算法都分别进行 10 次实验，实验结果包括平均准确率、正召回率、负召回率、正负召回率差。算法实验结果如

表 4.11 所示。

表 4.11 *g*SVM+算法的分类性能

数据集	平均准确率/%	正召回率/%	负召回率/%	正负召回率差/%
Breast Cancer Wisconsin	82.50	70.00	95.00	25.00
Credit	81.67	73.33	90.00	16.67

因 SVM 不能处理可观察信息为灰数的情况，故不能作为对比试验。通过表 4.11 可知，在 Breast Cancer Wisconsin 和 Credit 数据集上，*g*SVM + 的分类准确率均大于 80%，也说明分类效果较好。同时拓展了 SVM 的职能，因为 SVM 不能处理带灰数的数据集。从正负召回率之差指标可知，虽然相对来说，差距较大，但该模型是初步模型，后续还会继续改进，在提高分类准确率的同时保证分类的均衡性。

（2）特权信息为灰数。

对于选定的部分特权信息为灰数的数据集，每种算法都分别进行了 10 次实验，实验结果包括平均准确率、正召回率、负召回率、正负召回率差。SVM、*g*SVM + 两种算法的分类准确率和算法实验结果如表 4.12 和表 4.13 所示。

表 4.12 SVM、*g*SVM+两种算法的分类准确率

数据集	平均准确率/%	
	SVM	*g*SVM+
Breast Cancer Wisconsin	77.50	82.50
Credit	81.67	83.33

表 4.13 SVM、*g*SVM+两种算法的分类性能

数据集	SVM			*g*SVM+		
	正召回率/%	负召回率/%	正负召回率差/%	正召回率/%	负召回率/%	正负召回率差/%
Breast Cancer Wisconsin	95.00	60.00	35.00	75.00	95.00	20.00
Credit	66.67	93.33	26.66	93.33	93.33	0

通过表 4.12 可知，在两个数据集上，*g*SVM + 的分类准确率均大于 SVM，说明无论特权信息是白数还是灰数，考虑特权信息的 SVM + 模型的分类准确率均大于 SVM。同时拓展了 SVM + 的职能，因为标准 SVM + 不能处理带灰数的数据集。通过

表 4.13 所知，从正负召回率之差指标可知，gSVM＋在两个数据集上均优于 SVM。因此充分说明 gSVM＋的分类均衡性优于 SVM。综上所述，pSVM＋在处理特权信息为灰数的数据集时的能力优于 SVM 和 SVM＋。

4.4　本 章 小 结

为了验证本书所提模型的性能，本章实验选择部分模型进行。对于 rSVM＋仿真实验和 pSVM＋仿真实验，为了进行有效性对比，将 SVM、SVM＋算法作为对比方法进行测试实验。在进行算法仿真对比实验前，首先详细介绍实验环境、实验数据集、算法参数设置及实验相关细节。仿真对比实验完成后，针对 rSVM＋、pSVM＋、gSVM＋在实验数据集上的 10 次实验的结果，选取分类准确率以及召回率的结果进行分析。挑选了这两种算法在所有数据集上的最高分类准确率与最低分类准确率进行对比，rSVM＋、pSVM＋算法这两项指标上几乎全部优于 SVM、SVM＋算法。同时，rSVM＋、pSVM＋算法在所有数据集上的平均分类准确率也会高于 SVM、SVM＋算法，这也充分表明 rSVM＋、pSVM＋算法的优越性。最后，为研究算法的分类均衡性，在正负召回率差上 rSVM＋、pSVM＋算法会低于 SVM、SVM＋算法，展现 rSVM＋、pSVM＋算法的又一个优势。

因此，作为机器学习算法，rSVM＋、pSVM＋算法能够有效分类，同时保持准确率与均衡性。

对于 gSVM＋仿真实验，由于 SVM、SVM＋算法都不能处理带有灰数的数据集，所以不能作为对比方法。但是根据我们给出的分类准确率和召回率，可以得出 gSVM、gSVM＋是处理带有灰数的数据集的一种有效算法。

第 5 章

基于 LIBSVM 的
SVM 应用

5.1　LIBSVM 的安装（MATLAB）

LIBSVM 软件是台湾林智仁（Chih-Jen Lin）教授在 2001 年开发的一套支持向量机的工具包，它的运算速度快，可以很方便地对数据进行分类或回归分析。由于 LIBSVM 程序较小，输入参数少，运用灵活，并且是开源的，易于扩展，目前也是国内应用最多的 SVM 的库。

5.1.1　LIBSVM 安装步骤

LIBSVM 具体安装步骤如下。

1. MATLAB 安装 C++编译器 TDM-GCC

（1）下载时需注意区分电脑系统为 32 位或 64 位，再进行下载安装。

（2）配置环境变量。其步骤为右击任务栏空白处，在弹出的快捷菜单中选择"属性"，打开"属性"，单击"高级系统设置"复选框，单击"环境变量"。在"环境变量"窗口下单击"系统变量"复选框，打开操作：

"新建"窗口，输入变量名 MW_MINGW64_LOC，设置为 TDM-GCC-64 的安装路径。

（3）在 MATLAB 命令窗口下执行以下命令。

```
setenv('MW_MINGW64_LOC','C:\TDM-GCC-64')
```
其中，第 2 个参数为 TDM-GCC 的安装路径，重新启动 MATLAB。

2. 添加工具包 LIBSVM

本书下载版本为 LIBSVM-3.22，并解压得到 LIBSVM-3.22 文件夹，放到相应路径下。

给 MATLAB 添加路径：设置路径→添加并包含子文件夹，选择 LIBSVM-3.22 文件夹进行解压，确定保存。

3. 编译文件

（1）MATLAB 当前路径切换到 LIBSVM-3.22\MATLAB 下。

（2）点击打开命令窗口，输入 mex -setup 后按下回车键即完成安装。点击"mex -setup C++"选择编译器。

注：只要第一步编译器安装成功，这一步就不会出现问题。

（3）点击打开命令窗口，输入"make"后按下回车键，若提示拒绝访问错误，重新以管理员身份运行 MATLAB；若仍报错如下程序：

```
>>make
```

使用'MinGW64 Compiler（C）'编译。

Error: D: \Program Files\MATLAB\R2016b\toolbox\libsvm-3.22\matlab\make.m failed

gcc: error: \-fexceptions: No such file or directory

可用下面办法解决。

将"make.m"文件中的位于引号之外的 CFLAGS 替换为 COMPFLAGS，重新 make，出现图 5.1 表示"make"成功。

```
>> make
使用 'MinGW64 Compiler (C)' 编译。
MEX 已成功完成。
使用 'MinGW64 Compiler (C)' 编译。
MEX 已成功完成。
使用 'MinGW64 Compiler (C++)' 编译。
MEX 已成功完成。
使用 'MinGW64 Compiler (C++)' 编译。
MEX 已成功完成。
```

图 5.1　make.m 文件设置

（4）将第（3）步生成的 4 个".mexw64"文件，拷贝粘贴到 LIBSVM-3.22\windows 路径下，如图 5.2 所示。

libsvmread.mexw64	2017/10/26 22:05	MEXW64 文件	36 KB
libsvmwrite.mexw64	2017/10/26 22:05	MEXW64 文件	17 KB
svmpredict.mexw64	2017/10/26 22:05	MEXW64 文件	193 KB
svmtrain.mexw64	2017/10/26 22:05	MEXW64 文件	195 KB

图 5.2　mexw64 文件设置

4. 测 试

```
load heart_scale.mat   %加载测试数据集
model = svmtrain(heart_scale_label,heart_scale_inst,'-c 1 -g
        0.07');
%训练模型
*
optimization finished, #iter = 134
nu = 0.433785
```

```
obj = -101.855060,rho = 0.426412
nSV = 130,nBSV = 107
Total nSV = 130
[predict_label,accuracy,dec_values] = svmpredict(heart_
scale_label,heart_scale_inst, model);  %用模型预测
Accuracy = 86.6667%(234/270)(classification)
```

此时，LIBSVM 安装成功。

注：本方法在 64 位 Windows 系统的 MATLAB 2016b 和 2017a 均测试成功。

5.1.2 LIBSVM 库文件说明

将下载.zip 格式的 LIBSVM 解压后可以看到，主要有 6 个文件夹和一些 C++源码文件，如图 5.3 所示。

java	Commit svm.java and libsvm.jar for version 3.25 release	2 months ago
matlab	in matlab/README mention that Windows users must copy mex files to t...	4 months ago
python	Enable installation with PyPI	2 months ago
svm-toy	remove the gtk svm-toy because we stop maintaining this tool	3 years ago
tools	Replace tabs with four spaces in Python files	4 months ago
windows	Update Windows binaries for 3.25 release	2 months ago
COPYRIGHT	final preparation for version 3.25 release	2 months ago
FAQ.html	final preparation for version 3.25 release	2 months ago
Makefile	Fix typo "-W1" to the correct option "-WI".	9 years ago
Makefile.win	remove unnecessary whitespace characters in files except java and m4 ...	5 years ago
README	final preparation for version 3.25 release	2 months ago
heart_scale	This commit was generated by cvs2svn to compensate for changes in r2.	18 years ago
svm-predict.c	add more digits of predicted file, model file, scaled data and data f...	3 years ago
svm-scale.c	Revise svm-scale.c so features in test data that do not appear in tra...	3 years ago
svm-train.c	remove unnecessary tab or space svm.cpp and svm-train.c	5 years ago
svm.cpp	The check of param->gamma < 0 and param->degree < 0 now specific t...	3 years ago
svm.def	Regenerate the binary files after fixing svm.def	9 years ago
svm.h	final preparation for version 3.25 release	2 months ago

图 5.3 LIBSVM.zip 文件内容

其中各文件介绍如下。

（1）Java.主要是应用于 java 平台；

（2）matlab.主要是应用于 MATLAB 平台；

（3）python.是用来参数优选的工具；

（4）svmtoy.是一个可视化的工具，用来展示训练数据和分类界面，里面是源码，其编译后的程序在 Windows 文件夹下；

（5）tools.主要包含 4 个 python 文件，用来数据集抽样（subset），参数优选（grid），集成测试（easy），数据检查（checkdata）；

（6）windows.包含 LIBSVM 4 个 exe 程序包，也是我们目前所选用的库，其中 heart_scale 是一个样本文件，可以用记事本打开，主要用来做测试。

（7）其他 svm.h 和 svm.cpp 文件都是程序的源码，可以编译出相应的.exe 文件。其中，最重要的是 svm.h 和 svm.cpp 文件，svm-predict.c、svm-scale.c 和 svm-train.c（还有 svm-toy.c 在 svm-toy 文件夹中）都是调用的这个文件中的接口函数，编译后为 Windows 下相应的四个.exe 程序。另外，README 和 FAQ 也是较好的文件，对于初学者可以试试。

5.2　LIBSVM 的数据格式及制作

5.2.1　LIBSVM 的数据及其格式

该软件使用的训练数据和检验数据文件格式如下：

[label]　[index1]:[value1]　[index2]:[value2] …

[label]　[index1]:[value1]　[index2]:[value2] …

其中：label 指 class（属于哪一类），通俗地讲，就是你要分类的种类，通常是一些整数；index 指有顺序的索引，通常是连续的整数，是指特征编号，必须按照升序排列；value 指特征值，用来 train 的数据，通常由一堆实数组成。

注：修改训练和测试数据的格式为程序可以识别的程序。

目标值　第一维特征编号：第一维特征值 第二维特征编号：第二维特征值…

目标值　第一维特征编号：第一维特征值 第二维特征编号：第二维特征值…

……

目标值　第一维特征编号：第一维特征值 第二维特征编号：第二维特征值…

例如：2.3 1:5.6 2:3.2

表示训练用的特征有两维，第一维是 5.6，第二维是 3.2，目标值是 2.3。

注：训练和测试数据的格式必须相同，都如上所示。测试数据中的目标值是为了计算误差。

5.2.2 LIBSVM 数据格式制作

该过程可以使用 excel 或者编写程序来完成，也可以使用网络上 FormatDataLibsvm.xls 来完成。FormatDataLibsvm.xls 使用说明如下。

（1）先将数据按照下列格式存放（注意 label 放在最后面）：

```
value1 value2 … label
value1 value2 … label
…
value1 value2 … label
```

（2）然后将以上数据粘贴到 FormatDataLibsvm.xls 中的最左上角单元格，接着执行工具→宏→FormatDataToLibsvm 宏命令，可得到 LIBSVM 要求的数据格式。测试可在网上搜索网址进行下载。

5.3　LIBSVM 的使用方法

LIBSVM 使用的一般步骤：

（1）按照 LIBSVM 软件包所要求的格式准备数据集；

（2）对数据进行简单的缩放操作；

（3）首要考虑选用 RBF 核函数；

（4）采用交叉验证选择最佳参数 C 与 g；

（5）采用最佳参数 C 与 g 对整个训练集进行训练，获取支持向量机模型；

（6）利用获取的模型进行测试与预测。

5.3.1　svm-scale 的用法

对数据集进行缩放的目的在于：

（1）避免一些特征值范围过大而另一些特征值范围过小；

（2）避免在训练时为了计算核函数而计算内积的时候引起数值计算的困难。

因此，通常将数据缩放到[-1, 1]或者[0, 1]之间。

svm-scale 对数据进行缩放的规则：

$$y' = \text{lower} + (\text{upper} - \text{lower}) * \frac{y - \min}{\max - \min}$$

其中：y 为数据缩放前的值；y' 为数据缩放后的值；lower 为指定参数的下界；upper 为指定参数的上界；min 为全部训练数据的最小值；max 为全部训练数据的最大值。

Windows 文件夹中 svm-scale.exe 程序，可以用 svm-scale 命令来执行 svm-scale 的缩放规则，用法如下：

```
svmscale[-1 lower][-u upper][-y y_lower y_upper][-s save_filename]
[-r restore_filename]filename
```

（缺省值：lower=-1，upper=1，没有对 y 进行缩放）

其中的-1 表示数据下限标记；lower 表示缩放后数据下限；-u 表示数据上限标记；upper 表示缩放后数据上限；-y 表示是否对目标值同时进行缩放；y_lower 为下限值，y_upper 为上限值；-s save_filename 表示将缩放的规则保存为文件 save_filename；-r restore_filenane 表示将缩放规则文件 restore_filenane 载入后按此缩放；filename 表示待缩放的数据文件（要求满足前面所述的格式）。

缩放规则文件可以用文本浏览器打开，显示其格式为

```
lower upper
<index1>1val1 uval1<index2>1val2 uval2
```

其中的 lower、upper 和使用时所设置的 lower 与 upper 含义相同；index 表示特征序号；1val 为该特征对应转换后下限 lower 的特征值；uval 为对应于转换后上限 upper 的特征值。

数据集的缩放结果在此情况下通过 DOS 窗口输出，当然也可以通过 DOS 的文件重定向符号 ">" 将结果另存为指定的文件。

使用实例：

（1）svmscale-s train.range train3>train.scale 表示采用缺省值（即对属性值缩放到 [-1, 1]的范围，对目标值不进行缩放）对数据集 train3 进行缩放操作，其结果缩放规则文件保存为 train3.range，数据集的缩放结果保存为 train.scale；

（2）svmscale-r train.range test>test.scale 表示载入缩放规则 train.range 后按照其上下限对应的特征值和上下限值线性地对数据集 test 进行缩放，结果保存为 test.scale。

5.3.2　svmtrain 的用法

svmtrain 实现对训练数据集的训练，获得 SVM 模型。主要使用方法：

```
model = svmtrain(train_label,train_data,options);
```

其中：options（操作参数）可用的选项及所表示的意义如下。

-s svm 类型：设置 SVM 类型，默认值为 0。可选择以下几种类型。

0—C-SVC；

1—n-svC；

2—one-class-SM；

3—e-SVR；

4—n-SVR。

-t 核函数类型：设置核函数类型，默认值为 2。可选择以下几种类型。

0—线性核：u'*v;

1—多项式核：(g*u'*y+coef0)argee;

2—RBF 核：exp(-gamma*∥u-v∥^2);

3—sigmoid 核：tanh(g*u*v+coef0)-d degree，核函数中的 degree 设置，默认值为 3;

-g g：设置核函数中的 g，默认值为 1/k;

-r coef0：设置核函数中的 coef0，默认值为 0;

-c cost：设置 C-SVC、e-SVR、n-SVR 中惩罚系数 C，默认值为 1;

-n n：设置 n-SVC、one-class-sVM 与 n-SVR 中参数 n，默认值 0.5;

-p e：设置 n-SVR 的损失函数中的 e，默认值为 0.1;

-m cachesize：设置 cache 内存大小，以 MB 为单位，默认值为 40;

-e e：设置终止准则中的可容忍偏差，默认值为 0.001;

-h shrinking：是否使用启发式，可选值为 0 或 1，默认值为 1;

-b 概率估计：是否计算 SVC 或 SVR 的概率估计，可选值 0 或 1，默认 0;

-wi weight：对各类样本的惩罚系数 C 加权，默认值为 1;

-v n: n 折交叉验证模式。

使用函数 svm.train 训练分类模型后，会返回一个结构体，其中包括下面数据。

（1）parameters（一个 5*1 的数组）。

第一个元素：-s，SVM 的类型（int 默认为 0）;

第二个元素：-t，核函数类型（默认为 2）;

第三个元素：-d，核函数中的 degree 设置（针对多项式核函数）（默认 3）;

第四个元素：-g，核函数中的 r(gamma)函数设置（针对多项式/rbf/sigmoid 核函数）（默认为类别数目的倒数）;

第五个元素：-r 核函数中的 coef0 设置（针对多项式/sigmoid 核函数）（默认 0）。

（2）-nr_class：表示数据集中有多少个类（int）。

（3）-totalSV：表示支持向量的总数（int）。

（4）-rho：决策函数 wx+b 中的常数偏置的相反数（-b）。

（5）-Label：表示数据集中类别的标签。

（6）ProbA：使用-b 参数时用于概率估计的数值，否则为空。ProbB：使用-b 参数时用于概率估计的数值，否则为空。

（7）-nSV：表示每类样本的支持向量的数目，和 Label 的类别标签对应。

（8）-sv_coef：表示每个支持向量在决策函数中的系数。

（9）-SVs：表示所有的支持向量，如果特征是 n 维的，支持向量一共有 m 个，则为 $m \times n$ 的稀疏矩阵。

（10）nu：-n 参数的显示。

（11）iter：迭代次数。

（12）obj：表示 SVM 文件转换的二次规划求解的最小值。

5.3.3　svmpredict 的用法

svmpredict 是根据训练获得的模型，对数据集合进行预测。用法：

[predict_label, accuracy/mse,decision values/prob_estimates] = svmpredict

(test_label, test_matrix,model,['libsvm options']);

其中包括下面这些数据。

（1）predicted_label：存储着分类后样本所对应的类属性。

（2）accuracy：一个 3 * 1 的数组，依次为：分类的正确率、回归的均方根误差、回归的平方相关系数。

（3）decision_values/prob_estimates：是一个表示概率的数组，对于 m 个数据、n 个类的情况，如果有指定"-b 1"参数使用，则为 $n \times k$ 的矩阵，每一行表示这个样本分别属于每一个类别的概率；如果没有指定"-b 1"参数，则为 $n * n \times (n-1)/2$ 的矩阵，每一行表示 $n(n-1)/2$ 个二分类 SVM 的预测结果。

5.4　SVM 应用之意大利葡萄酒种类识别

5.4.1　数据集

wine 数据来源 UCI 数据库，记录的是意大利同一区域三种不同品种的葡萄酒的化学成分分析，数据里含有 178 个样本，每个样本含有 13 个特征分量（化学成分），每个样本的类别标签已给。将这 178 个样本的 50%作为训练集，另 50%作为测试集，用训练集对 SVM 进行训练可以得到分类模型，再用得到的模型对测试集进行类别标签预测。

1. 测试数据

wine data set 整体数据存储在 chapter12_wine，该数据内容：classnumber3，记录类别数目；wine，178×13 个 double 型的矩阵，记录 178 个样本的 13 个属性；wine_labels，178×1 的一个 double 型的列向量，记录 178 个样本各自的类别标签。

2. 数据来源

美国加州大学欧文分校机器学习库。

3. 数据详细描述

wine 数据是物理化学相关领域的数据，wine 数据记录的是意大利某一地区同一区域不同品种的葡萄酒的化学成分分析,数据里含有 178 个样本分别属于三个类别(类别标签已给),每个样本含有 13 个特征分量(化学成分),数据内容如下:

(1) Alcohol;

(2) Malic acid;

(3) Ash;

(4) Alcalinity of ash;

(5) Magnesium;

(6) Total phenols;

(7) Flavanoids;

(8) Nonflavanoid phenols;

(9) Proanthocyanins;

(10) Color intensity;

(11) Hue;

(12) OD280/OD315 of diluted wines;

(13) Prolinc。

4. 数据的可视化图

数据的可视化如图 5.4,图 5.5 所示,从中可以看到 13 个属性值在 178 样本中的箱式图及分布情况。

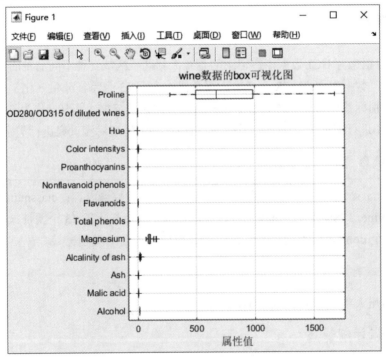

图 5.4　样本箱式图

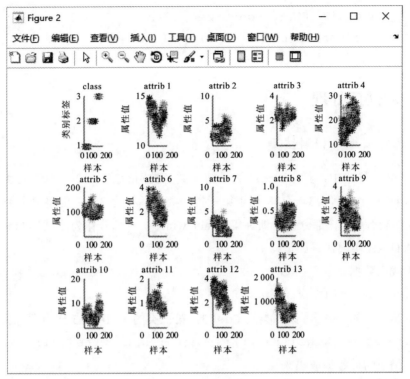

图 5.5　样本分布图

```
% 画出测试数据的分维可视化图
Figure
subplot(3,5,1);
hold on
for run = 1:178
    plot(run,wine_labels(run),'*');
end
xlabel('样本','FontSize',10);
ylabel('类别标签','FontSize',10);
title('class','FontSize',10);
for run = 2:14
    subplot(3,5,run);
    hold on;
    str = ['attrib ',num2str(run-1)];
    for i = 1:178
        plot(i,wine(i,run-1),'*');
    end
    xlabel('样本','FontSize',10);
```

```
    ylabel('属性值','FontSize',10);
    title(str,'FontSize',10);
end
```

5.4.2 数据预处理

1. 选定训练集和测试集

在 178 个样本中，其中 1～59 属于第一类（类别标签为 1），60～130 属于第二类（类别标签为 2），131～178 属于第三类（类别标签为 3），现将每个类别分成两组，重新组合数据，一部分作为训练集（train_wine），一部分作为测试集（test_wine）。

MATLAB 实现代码如下：

```
%先载入数据
losd chapter12_wine.ast;
*将第一类的 1~30，第二类的 60~95，第三类的 131~153 作为训练集
train_wine=[wine(1:30,:);wine(60:95,:);wine(131:153,:)];
%将相应的标签提取出来
train_wine_labels=[wine_labels(1:30);wine_labels (60:95);
wine_labels (131:153)];
%将第一类的 31~59,第二类的 96~130,第三类的 154~178 作为测试集
test_wine=[wine(31:59,:);wine(96:130,:);wine(154:178,:)];
*将相应的标签提取出来
test_wine_labels=[wine(31:59);wine(96:130);wine(154:178)];
```

2. 数据归一化

对训练集和测试集进行归一化预处理，采用的归一化映射如下。

$$f: x \to y - \frac{x - x_{\min}}{x_{\max}}$$

式中：$x, y \in R^n$；$x_{\min}=\min(x)$；$x_{\max}=\max(x)$。归一化的效果是原始数据被归一化到[0, 1]范围内，即 $y_i \in [0, 1]$ $(i=1, 2, \cdots, n)$。

在 MATLAB 中，mapminmax 函数可以实现上述的归一化，其常用的函数接口如下。

```
[y,ps]=mapminmax(x)
[y,ps]=mapminmax(x,ymin,ymax)
[x,ps]=mapminmax('reverse',y,ps)
```

其中：x 是原始数据；y 是归一化后的数据；ps 是个结构体，记录的是归一化的映射。mapmin-max 函数所采用的映射是：

$$y = (y_{max} - y_{min}) \times (x - x_{min})/(x_{max} - x_{min}) + y_{min};$$

其中：x_{min} 和 x_{max} 是原始数据 x 的最小值和最大值；y_{min} 和 y_{max} 是映射的范围参数，可调节，默认为-1 和 1，此时的映射函数即为上面说的[-1, 1]归一化。如果把 y_{min} 置为 0，y_{max} 置为 1，则此时的映射函数即为上面说的[0, 1]归一化，可利用新的射函数对 x 进行重新归一化，代码如下：

```
[y,ps]=mapminmax(x);
ps.ymin=0;
ps.ymax=1;
[ynew,ps]=mapminmax(x,ps);
```

反归一化可用如下代码实现：

```
[y,ps]=oapaimax(x);
[x,ps]=sapaimax('reverse',y,ps);
```

wine 数据的归一化 MATLAB 实现代码如下：

```
%数据预处理,将训练集和测试集归一化到[0,1]区间
[mtrain,ntrain]=size(train_wine);
[mtest,ntest]=size(test_wine);
dataset=[train.wine;test_wine];
%mapminnax 为 MATLAB 自带的归一化函数
[dataset_scale,ps]=mapminnax('dataset',0,1)
datasetscale= 'dataset_scale';
train_wine=dataset_scale (1: mtrain,:);
test_wine= dataset_scale((mtrain+1) :(mtrain +mtest),:);
```

5.4.3　训练与预测

wine 数据的训练和预测的 MATLAB 实现代码

```
model=svmtrain (train_wine_labels,train_wine,'-c2 -g1');
[predict_label,accuracy]=svmpredict(test_wine_labels,test_wine,model);
```

运行结果：

```
Accuracy=98.8764% (88/89) (classification)
```

最终分类的结果如图 5.6 所示。

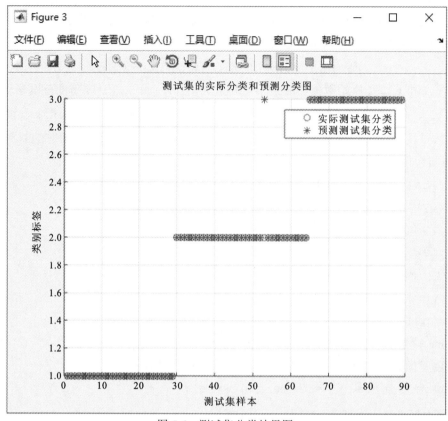

图 5.6　测试集分类结果图

5.4.4　参数选择

1. 采用不同归一化方式的对比

对于不同的归一化方式及不用归一化预处理，最后测试集上的预测分类准确率的对比结果如表 5.1 所示。

表 5.1　采用不同归一化方式的对比

归一化方式	准确率/%	svmtrain 的参数选项
不进行归一化	39.325 8(35/89)	'-c2 -g1'
[−1, 1]归一化	97.752 8(87/89)	'-c2 -g1'
[0, 1]归一化	98.876 4(88/89)	'-c2 -g1'

从表 5.1 可以看出对于 wine 这个数据需要将其先进行归一化的预处理，才能提高

最后分类的准确率，而且不同的归一化方式对最后的准确率也会有一定的影响。但是否必须进行归一化预处理才能提高最后的准确率呢？答案是否定的。并不是任何问题都必须事先把原始数据进行归一化，也就是数据归一化这一步并不是必须要做的，要具体问题具体看待。测试表明有时候归化后的预测准确率比没有归一化的预测准确率会低很多。

2. 采用不同核函数的对比

对于 SVM 中不同的核函数，测试集上的预测分类准确率对比（统一采用[0，1]归一化）如表 5.2 所示。

表 5.2 采用不同核函数的对比

核函数	准确率/%	svmtrain 的参数选项
线性核函数	97.752 8(87/89)	'-c2 -g1 -t0'
多项式核函数	98.876 4(88/89)	'-c2 -g1 -t1'
径向基核函数	98.876 4(88/89)	'-c2 -g1 -t2'
sigmoid 函数	52.809(47/89)	'-c2 -g1 -t3'

通过上面的对比，可以看出对于 wine 这个数据采用径向基函数作为核函数，最终的分类准确率最高。

3. 交叉验证法

上面的过程中 svmtrain 的惩罚参数 C 和核函数参数 g 是任意给定的或凭测试经验给定的，那么这个参数 C 和 g 该如何选取呢？有没有在某种意义上最好的参数 C 和 g 呢？最简单的一种思想就是让 C 和 g 在某一范围内离散取值，使得最终测试集分类准确率最高的 C 和 g 为最佳的参数，但这是在知道测试集的标签的情况下，如果不知道测试集的标签怎么办（在多数情况下事先可能不知道测试集的标签）？

现在利用交叉验证（cross-validation）的办法，可以找到在一定条件下的最佳参数 C 和 g，其算法伪代码如下：

```
Start
    bestAccuracy=0;
    bestc=0;
    bestg=0;
%其中 n1,n2,N 都是预先给定的数
for c=2^(-n1):2^(n1)
    for g=2^(-n2):2^(n2)
```

将训练集平均分为 N 部分, 设为

```
train(1),train(2),… ,train(N)。
```

分别让每一部分作为测试集进行预测（剩下的 N-1 部分作为训练集对分类器进行训练），最后，取得到的所有分类准确率的平均数，设为 cv。

```
if (cv>bestAccuracy)
    bestAccuracy=cV;bestc=c;bestg =g;
  end
 end
end
Over
```

采用这种交叉验证的方法，在没有测试集标签的情况下可以找到一定意义下的最佳的参数 C 和 g。注意，这里说"一定意义下"指的是此时的最佳参数 C 和 g 是使得训练集在交叉验证思想下能够达到最高分类准确率的参数，但并不一定能保证会使得测试集也能达到最高的分类准确率。

用此方法来对 wine 数据进行分类预测，MATLAB 实现代码如下（相关数据已经过前面数据预处理）：

```
bestcv=0;
  for log2c=-4:4,
    for 1og2g=-4:4,
        cmd=['-v3 -c', num2str(2^log2c),'-g',
        num2str(2^1og2g)];
        cv=svmtrain(train_wine_labels,train_wine,cmd);
        if(cv>bestcv),
           bestcv=cv; bestc=2^log2c; bestg=2^1og2g;
        end
    end
end
fprintf((bestc=%g,g=%g,rate=%g)\n',bestc,bestg,bestcv);
cmd=['-c',num2str(bestc),'-g',nun2str(bestg)];
model=svmtrain(train_wine_labels,train_wine,cmd);
[gredict_label,accuracy]=svmpredict(test_wine_labels,
test_wine,model);
```

最终运行结果：

```
(bestc=2,g=1,rate=98.8764)
Accuracy=98.8764% (88/89)(classification)
```

可见采用交叉验证的方法，可以得到最佳的参数是 $C=2$，$g=1$，测试集的分类准确率为 98.8764%，说明所选择的参数是一定条件下的最佳参数。

5.5 本章小结

本章是基于 LIBSVM 对 SVM 的实战练习，旨在帮助大家提高编码能力，综合知识的应用能力，项目的掌控能力。

本章首先介绍 LIBSVM 软件的安装及对 LIBSVM 工具包进行简要说明。然后针对 LIBSVM 数据格式的规范及制作进行了说明。接着对 LIBSVM 中常用的方法进行详细阐述，分别介绍了 svm-scale、svm-train、svm-predict 等方法的使用及参数说明。最后，针对具体的应用场景——意大利葡萄酒种类识别进行了案例分析及编程操作。从数据集分析到数据归一化，然后进行训练以及预测，最后进行参数选择比较，一整套流程下来充分展示了模型的建立、训练过程。

参 考 文 献

[1] CORTES C, VAPNIK V N. Support-vector networks. Machine Learning, 1995, 20 (3): 273-297.

[2] CHERKASSKY V, MULIER F. Statistical learning theory. Encyclopedia of the Sciences of Learning, 1998, 41(4): 3185-3185.

[3] DRUCKER H, BURGES C, KAUFMAN L, et al. Support vector regression machines// Advances in Neural Information Processing Systems 9, Denver, 1996: 155-161.

[4] MAYORAZ E, ALPAYDIN E. Support vector machines for multi-class classification. 5th International Work-Conference on Artificial and Natural Neural Networks (IWANN 99), Engineering Applications of Bio-inspired Artificial Neural Networks, 1999: 833-842.

[5] SUYKENS J, VANDEWALLE J. Least squares support vector machine classifiers. Neural Processing Letters, 1999, 9(3): 293-300.

[6] JOACHIMS T. SVM light: Support vector machine. (2008-8-14) [2023-4-21]. https: //www. cs. cornell. edu/people/tj/svm_light/.

[7] ZHANG X G. Using class-center vectors to build support vector machines. Neural Networks for Signal Processing-Proceedings of the IEEE Workshop, Madison, 1999: 3-11.

[8] CHALIMOURDA A, SCHLKOPF B, SMOLA A J. Experimentally optimal v in support vector regression for different noise models and parameter settings. Neural Networks, 2004, 17(1): 127-141.

[9] MEHRKANOON S, SUYKENS J A K. LS-SVM approximate solution to linear time varying descriptor systems. Automatica, 2012, 48(10): 2502-2511.

[10] CHANG C C, LIN C J. LIBSVM: A library for support vector machines. ACM Transactions on Intelligent Systems and Technology, 2011, 2(3): 1-27.

[11] JOACHIMS T. Making large-scale support vector machine learning practical. Advances in Kernel Methods-Support Vector Learning, 1999: 169-184.

[12] SCHOLKOPF B, SMOLA A, WILLIAMSON R C, et al. New support vector algorithms. Neural Computation, 2000, 12(5): 1207-1245.

[13] BEN-HUR A, HORN D, SIEGELMANN H T, et al. Support vector clustering. Journal of Machine Learning Research, 2001, 2(12): 125-137.

[14] LODHI H, KARAKOULAS G, SHAWETAYLOR J. Boosting the margin distribution. Lecture Notes in Computer Science, 2000,19(3): 54-59.

[15] GUALTIERI J A, CROMP R F. Support vector machines for hyperspectral remote sensing classification. Applied Imagery Pattern Recognition Workshop// International Society for Optics and Photonics, 1999: 680-684.

[16] SHAWE-TAYLOR J, CRISTIANINI N. Further results on the margin distribution// The Conference on Computational Learning Theory, COLT 99, Santa Cruz, CA, 1999.

[17] BENNETT K P, DEMIRIZ A, SHAWE-TAYLOR J. A column generation algorithm for boosting// Seventeenth International Conference on Machine Learning (ICML'2000). San Francisco: Morgan Kaufmann, 2002.

[18] PLATT J C, CRISTIANINI N, SHAWE-TAYLOR J. Large margin DAGs for multiclass classification. Advances in Neural Information Processing Systems, 2000, 12(3): 547-553.

[19] HSU C, LIN C J. A comparison of methods for multiclass support vector machines. IEEE Transactions on Neural Networks, 2002, 13 (2): 415-25.

[20] DUAN K, KEERTHI S S. Which Is the best multiclass SVM method? an empirical study. Berlin: Springer, 2005.

[21] GRAEPEL T, HERBRICH R, SCHOELKOPF B, et al. Classification on proximity data with LP-machines. Artificial Neural Networks. Edinburgh: ICNAA, 1999.

[22] GRIGORYEV A D, SALIMOV R V, TIKHONOV R I. Multiple-cell lumped element and port models for the vector finite element method. Electromagnetics, 2008, 28(1-2): 18-26.

[23] ABELSON H. Towards a theory of local and global in computation. Theoretical Computer Science, 1978(6): 41-67.

[24] SUYKENS J. Least squares support vector machines for classification and nonlinear modelling. Neural Network World, 2000, 10(1): 29-47.

[25] VALYON J, HORVÁTH G. A generalized LS-SVM. IFAC Proceedings Volumes, 2003, 36(16): 801-806.

[26] BURG G J J V D, GROENEN P J F. GenSVM: A generalized multiclass support vector machine. Journal of Machine Learning Research, 2016, 17 (224): 1-42.

[27] LADICKÝ L, TORR P H S. Locally linear support vector machines. International Conference on Machine Learning, Omnipress, 2011: 985-992.

[28] SHAHBUDIN S, HUSSAIN A, SAMAD S A, et al. Training and analysis of support vector machine using sequential minimal optimization. Systems, Man and Cybernetics, 2008// IEEE International Conference, 2009, 373-378.

[29] RYCHETSKY M, ORTMANN S, ULLMANN M, et al. Accelerated training of support vector machines. Proceedings of the International Joint Conference on Neural Networks. IEEE Transactions on Neural Networks and Learning Systems, 1999(2): 998-1003.

[30] PLATT J C. Sequential minimal optimization: A fast algorithm for training support vector machines. Boston: MIT Press, 1998.

[31] PLATT J C. Fast training of support vector machines using sequential minimal optimization, advances in kernel methods. Support Vector Learning, 1999: 185-208.

[32] HASTIE T, TIBSHIRANI R, FRIEDMAN, et al. The elements of statistical learning: Data mining,

inference, and prediction (Second ed.). New York: Springer, 2008.

[33] BOSER B E, GUYON I M, VAPNIK V N. A training algorithm for optimal margin classifiers//The Fifth Annual Workshop on Computational Learning Theory-COLT', Pittsburgh, 1992.

[34] HSU C W, LIN C J. A comparison of methods for multiclass support vector machines. IEEE Transactions on Neural Networks, 2002, 13(2): 415-425.

[35] PLATT J C, CRISTIANINI N, SHAWE-TAYLOR J. Large margin DAGs for multiclass classification// Advances in Neural Information Processing Systems. Cambridge: Mtt Press, 2000: 547-553.

[36] DIETTERICH T G, BAKIRI G. Solving multiclass learning problems via error-correcting output codes. Journal of Artificial Intelligence Research, 1994, 2: 263-286.

[37] DUAN K, KEERTHI S S. Which is the best multiclass SVM method? An empirical study//The 6th International Conference on Multiple Classifier Systems. Seaside, CA: Springer-Verlag. 2005: 278-285.

[38] CRAMMER K, SINGER Y. On the algorithmic implementation of multiclass kernel-based vector machines. Journal of Machine Learning Research, 2001, 2(2): 265-292.

[39] DIETTERICH T G, BAKIRI G. Solving multiclass learning problems via error-correcting output codes. Journal of Artificial Intelligence Research, 1995, 2(1): 263-286.

[40] OSUNA E, FREUND R, GIROSI F. An improved training algorithm of support vector machines// The IEEE Workshop on Neural Networks for Signal Processing, Ermioni, 2002.

[41] OSUNA E, FREUND R, GIROSI F. Training support vector machines: An application to face detection//The IEEE Computer Society Conference on Computer Vision and Pattern Recognition, 1997: 130-136.

[42] 马勇, 丁晓青. 基于层次型支持向量机的人脸检测. 清华大学学报(自然科学版), 2003, 43(1): 35-38.

[43] LIU W J, JIANG W, ZHENG H. Hybrid SVM/HMM architectures for statistical model-based voice activity detection//The International Joint Conference on Neural Networks, 2014: 2875-2878.

[44] MINOTTO V P, JUNG C R, LEE B. Simultaneous-speaker voice activity detection and localization using mid-fusion of SVM and HMMs. IEEE Transactions on Multimedia, 2014, 16(4): 1032-1044.

[45] MARON M E, KUHNS J. On relevance, probabilistic indexing and information retrieval. Journal of the Association for Computing Machinery, 1960, 7(3): 216-244.

[46] BOTTOU L, CORTES C, DENKER J S, et al. Comparison of classifier methods: a case study in handwritten digit recognition. IEEE Computer Society, 1994: 77-82.

[47] MARON M E. KUHNS J L, RAY L C. Probabilistic indexing: a statistical technique for document identification and retrieval. Technical Memorandum No. 3, Data Systems Project Office, RAMO-WOOLDRIDGE, 1959, 91.

[48] MARON M E. Probabilistic design principles for conventional and full-text retrieval systems. Information Processing and Management, 1988, 24(3): 249-255.

[49] BORKO H, BERNICK M. Automatic document classification part II. Additional experiments. Journal of the Association for Computing Machinery, 1964, 11(2): 138-151.

[50] MOHAMED H K. Automatic documents classification. ICCES'07 - 2007 International Conference on Computer Engineering and Systems, 2007: 33-37.

[51] JOACHIMS T. Transductive Inference for text classification using support vector machines//The 1999 International Conference on Machine Learning, 1999: 200-209.

[52] DUROU A, AL-MAADEED S, AREF I, et al. A comparative study of machine learning approaches for handwriter identification// 12th International Conference on Frontiers in Handwriting Recognition, 2010: 241-246.

[53] LEE Y, YI L, WAHBA G. Multicategory support vector machines. Journal of the American Statistical Association, 2004, 99(465): 67-81.

[54] 段立娟, 崔国勤, 高文, 等. 多层次特定类型图像过滤方法. 计算机辅助设计与图形学学报, 2002(5): 404-409.

[55] 庄越挺, 刘骏伟, 吴飞, 等. 基于支持向量机的视频字幕自动定位与提取. 计算机辅助设计与图形学学报, 2002(8): 750-753, 771.

[56] 肖俊, 吴飞, 庄越挺, 等. 基于支持向量机与细节层次的三维地形识别与检索. 计算机辅助设计与图形学学报, 2003(04): 410-415.

[57] TSANG I W, KWOK J T, CHEUNG P M. Core vector machines: Fast SVM training on very large data sets. Journal of Machine Learning Research, 2005, 6(4): 363-392.

[58] TSANG I W, KOCSOR A, KWOK J T. Simpler core vector machines with the closing balls//The 24th International Conference on Machine Learning. Corvalis, Oregon, USA: Association for Computing Machinery. 2007: 911-918.

[59] PEKALSKA E, HAASDONK B. Kernel discriminant analysis for positive definite and indefinite kernels. IEEE Transactions on Pattern Analysis and Intelligence, 2009, 31(6): 1017-1031.

[60] ANDERSON J, BELKIN M, GOYAL N, et al. The more, the merrier: The blessing of dimensionality for learning large Gaussian Mixtures. Journal of Machine Learning Research, 2014, 35: 1135-1164.

[61] REZGUI W, MOUSS L H, MOUSS N K, et al. A smart algorithm for the diagnosis of short-circuit faults in a photovoltaic generator//2014 International Conference on Green Energy ICGE 2014, Sfax, 2014: 139-143.

[62] CHAN P P K, WANG D F, TSANG E C C, et al. Structured large margin machine ensemble. IEEE International Conference on Systems, Man and Cybernetics Conference Proceedings, Taipei: 2006: 840-844.

[63] WANG D F, YEUNG D, TSANG E. Probabilistic large margin machine. IEEE International Conference on Machine Learning and Cybernetics, Dalian: 2006(1-7): 2190-2195.

[64] NATH S, BHATTACHARYYA C. Maximum margin classifiers with specified false positive and false negative error rates// The SIAM International Conference on Data Mining, Minneapoiis, 2007.

[65] MALDONADO, SEBASTIÁN, JULIO L, et al. A second-order cone programming formulation for twin support vector machines. Applied Intelligence, 2016, 45: 265-276.

[66] DEBNATH R, MURAMATSU M, TAKAHASHI H. An efficient support vector machine learning method with second-order cone programming for large-scale problems. Applied Intelligence, 2005, 23: 219-239.

[67] YEUNG D S, WANG D, NG W W Y, et al. Structured large margin machines: Sensitive to data distributions. Machine Learning, 2007, 68(2): 171-200.

[68] LANCKRIET G R G, GHAOUI L E, BHATTACHARYYA C, et al. Minimax probability machine// The 14th International Conference on Neural Information Processing Systems: Natural and Synthetic. Vancouver: MIT Press, 2001: 801-807.

[69] LANCKRIET G R G, GHAOUI L E, BHATTACHARYYA C, et al. A robust minimax approach to classification. Journal of Machine Learning Research, 2002, 3: 555-582.

[70] HARE S, SAFFARI A, TORR P H S. Struck: Structured output tracking with kernels. IEEE Transactions on Pattern Analysis and Machine Intelligence, 2016, 38(10): 2096-2109.

[71] PRESS W H, TEUKOLSKY S A, VETTERLING W T, et al. Numerical recipes 3rd edition: The art of scientific computing. New York: Cambridge University Press, 2007.

[72] DECOSTE D, SCHÖLKOPF B. Training invariant support vector machines. Machine Language, 2002, 46(1-3): 161-190.

[73] DAVID M, FRIEDRICH L, KURT H. The support vector machine under test. Neurocomputing, 2003, 55(1-2): 169-186.

[74] JIN C, WANG L. Dimensionality dependent PAC-Bayes margin bound. Advances in Neural Information Processing Systems, 2012(2): 1034-1042.

[75] POLSON N G, SCOTT S L. Data augmentation for support vector machines. Bayesian Analysis, 2011, 6 (1): 1-23.

[76] SHALEV-SHWARTZ S, SINGER Y, SREBRO N, et al. Pegasos: Primal estimated sub-gradient solver for SVM. Mathematical Programming, 2010, 127(1): 3-30.

[77] HSIEH C-J, CHANG K-W, LIN C-J, et al. A dual coordinate descent method for large-scale linear SVM// The 25th International Conference on Machine Learning. Helsinki, Association for Computing Machinery. 2008: 408-415.

[78] ROSASCO L, VITO E D, CAPONNETTO A, et al. Are loss functions all the same? Neural Computation, 2004, 16(5): 1063-1076.

[79] MOHAMAD I B, USMAN D. Standardization and its effects on K-means clustering algorithm. Research Journal of Applied Sciences, Engineering and Technology, 2013, 6(17): 3299-3303.

[80] WENZEL F, THEO GALY-FAJOU, DEUTSCH M, et al. Bayesian nonlinear support vector machines for big data. European Conference on Machine Learning and Principles and Practice of Knowledge Discovery in Databases, Skopje, 2017.

[81] FERRIS M C, MUNSON T S. Interior-point methods for massive support vector machines. SIAM Journal on Optimization, 2002, 13(3): 783-804.

[82] FAN R E, CHANG K W, HSIEH C J, et al. LIBLINEAR: A library for large linear classification. Journal of Machine Learning Research, 2008, (9) 9: 1871-1874.

[83] FENNELL P G, ZUO Z, LERMAN K. Predicting and explaining behavioral data with structured feature space decomposition. EPJ Data Science, 2018.

[84] STATNIKOV A, HARDIN D, ALIFERIS C. Using SVM weight-based methods to identify causally relevant and non-causally relevant variables. Sign, 2006(1): 4.

[85] BARGHOUT L. Spatial-taxon information granules as used in iterative fuzzy-decision-making for image segmentation. Granular Computing and Decision-Making. Springer International Publishing, 2015: 285-318.

[86] GAONKAR B, DAVATZIKOS C. Analytic estimation of statistical significance maps for support vector machine based multi-variate image analysis and classification. Neuroimage, 2013, 78: 270-283.

[87] AIZERMAN MA, BRAVERMAN E M, ROZONOER L I. Theoretical foundations of the potential function method in pattern recognition learning. Automation and Remote Control, 1964, 25: 821-837.

[88] MAITRA D S, BHATTACHARYA U, PARUI S K. CNN based common approach to handwritten character recognition of multiple scripts. 2015 13th International Conference on Document Analysis and Recognition (ICDAR), Tunisia, 2015.

[89] VIII L, INTELLIGENZ K U, JOACHIMS T. Text categorization with support vector machines. Learning with Many Relevant Features. Machine Learning: ECML-98. Lecture Notes in Computer Science. Springer. 1998, 1398: 137-142.

[90] PRADHAN, SAMEER S, et al. 2004. Shallow semantic parsing using support vector machines//The Human Language Technology Conference of the North American Chapter of the Association for Computational Linguistics: HLT-NAACL 2004, Boston, 2004.

[91] CUINGNET RÉMI, ROSSO C, CHUPIN M, et al. Spatial regularization of SVM for the detection of diffusion alterations associated with stroke outcome. Medical Image Analysis, 2011, 15(5): 729-737.

[92] MAITY A. Supervised classification of RADARSAT-2 polarimetric data for different land features. 10.5281/zenodo.832427.2016-08-01.

[93] HSU C W, CHANG C C, LIN C J. A practical guide to support vector classification (technical report). Department of Computer Science and Information Engineering, National Taiwan University, Taipei, 2003.

[94] SMOLA A J, SCHÖLKOPF B. A tutorial on support vector regression. Statistics and Computing, 2004, 14 (3): 199-222.

[95] PLATT J. Probabilistic outputs for support vector machines and comparisons to regularized likelihood methods. Advances in Large Margin Classifiers, 1999, 10(3): 61-74.

[96] LIN H T, LIN C J, WENG R C. A note on platt's probabilistic outputs for support vector machines. Machine Learning, 2007, 68(3): 267-276.

[97] DENG J L. Control-problems of grey systems. Systems & Control Letters, 1982, 1(5): 288-294.

[98] 邓聚龙. 灰色控制系统. 华中工学院学报, 1982(3): 9-18.

[99] 刘思峰, 党耀国, 方志耕, 等. 灰色系统理论及其应用. 北京: 科学出版社, 2010.

[100] 刘思峰. 灰色系统理论的产生与发展. 南京航空航天大学学报, 2004, 36(2): 267-272.

[101] 张大海, 江世芳, 史开泉. 灰色预测公式的理论缺陷及改进. 系统工程理论与实践, 2002, 22(8): 365-368.

[102] LI W, HAN Z H. The application of GM(1, 1)-connection improved genetic algorithm in power load forecasting. IEEE International Conference on Grey Systems and Intelligent Services, Nanjin, 2007.

[103] FAN C X, SHI, K Q, KEJUN, L. 2018. The application of improved GM (1, 1) in power load forecasting. Progress in Measurement and Testing, PTS 1 and 2, 108-111: 151-155.

[104] XIAO H J, PENG F, WANG L. Ad hoc-based feature selection and support vector machine classifier for intrusion detection// 2007 IEEE International Conference on Grey Systems and Intelligent Services, Nanjin, 2007.

[105] PENG F, XIAO H J, WU G P, et al. Evaluation of oil-gas based grey fisher method// 2007 IEEE International Conference on Grey Systems and Intelligent Services, Nanjin, 2007.

[106] VAPNIK V, VASHIST A. A new learning paradigm: Learning using privileged information. Neural Networks, 2009, 22(5): 544-557.

[107] NIU L, WU J. Nonlinear L-1 support vector machines for learning using privileged information. ICDM Workshops, Brussels, 2012.

[108] CAI F. Advanced learning approaches based on SVM+ methodology. Minnesota: University of Minnesota-Twin Cities, 2011.

[109] WANG Z, JI Q. Classifier learning with hidden information// Computer Vision & Pattern Recognition, Boston, IEEE, 2015.

[110] QI Z, TIAN Y, SHI Y. A new classification model using privileged information and its application. Neuro Computing, 2014, 129: 146-152.

[111] LAPIN M, HEIN M, SCHIELE B. Learning using privileged information: SVM+ and weighted SVM. Neural Networks, 2014, 53: 95-108.

[112] JI Y, SUN S, LU Y. Multitask multiclass privileged information support vector machines// Proceedings of the 21st International Conference on Pattern Recognition(ICPR 2012), Salem, IEEE, 2013.

[113] CHEN J, LIU X, LYU S. Boosting with side information. Computer Vision-ACCV 2012. Berlin: Springer, 2012.

[114] WANG S, MENGHUA H E, ZHU Y, et al. Learning with privileged information using Bayesian networks. Frontiers of Computer Science, 2015, 9(2): 185-189.

[115] SHARMANSKA V, QUADRIANTO N, Learning using privileged information. encyclopedia of Machine Learning and Data Mining, Springer, 2017.

[116] ZHANG W, JI H, LIAO G, et al. A novel extreme learning machine using privileged information. Neurocomputing, 2015, 168: 823-828.

[117] YANG H, PATRAS I. Privileged information-based conditional regression forest for facial feature detection//2013 10th IEEE International Conference & Workshops on Automatic Face & Gesture Recognition, Shanghai, IEEE, 2013.

[118] MOTIIAN S, PICCIRILLI M, ADJEROH D A, et al. Information bottleneck learning using privileged information for visual recognition//2016 IEEE Conference on Computer Vision and Pattern Recognition (CVPR), Las Vegas, IEEE, 2016.

[119] YAN Y, NIE F, LI W, et al. Image classification by cross-media active learning with privileged information. IEEE Transactions on Multimedia, 2016, 18(12): 2494-2502.

[120] VRIGKAS M, NIKOU C, KAKADIARIS I A. Exploiting privileged information for facial expression recognition//International Conference on Biometrics, Halmstad, IEEE, 2016.

[121] YANG X, WANG M, ZHANG L, et al. Empirical risk minimization for metric learning using privileged information. Proceedings of the Twenty-Fifth International Joint Conference on Artificial Intelligence. New York: AAAI Press. 2016: 2266-2272.

[122] NIU L, LI W, XU D. Exploiting privileged information from web data for action and event recognition. International Journal of Computer Vision, 2015, 118(2): 130-150.

[123] PECHYONY D, VAPNIK V. On the Theory of learning with privileged information. 24th Annual Conference on Neural Information Processing Systems 2010, Vancouver, 2010.

[124] LIU R, WANG F, HE M, et al. 2019. An adjustable fuzzy classification algorithm using an improved multi-objective genetic strategy based on decomposition for imbalance dataset. Knowledge and Information Systems, 2019(61): 1583-1605.

[125] VAPNIK V. Estimation of dependences based on empirical data. New York: Springer-Verlag, 2006.

后　记

作为一种性能优异的机器学习方法，SVM 已经成功地应用于多个领域。然而，当忽略特权信息或者特权信息选择不合理时，会影响到 SVM 分类器的学习能力与泛化能力，最终造成较差的分类结果。对于 SVM 分类器，虽然 SVM 的作者后来又设计了 SVM+，但是这个方法仍存在着一些的缺陷，例如数据集通常不会包含有完整的特权信息等。因此，特权信息支持向量机仍然是 SVM 的一个重要后续研究方向。

本书主要是从两个维度来研究基于特权信息的支持向量机：其一，特权信息的来源；其二，支持向量机的类型。就特权信息的来源而言，本书研究了三类特权信息：①全部训练样本存在特权信息；②部分训练样本存在特权信息；③特权信息来自多空间的支持向量机。就支持向量机的类型而言，本书研究了两类支持向量机：①松弛变量改动的支持向量机；②灰色支持向量机。

支持向量机的另一发展方向就是处理灰数。由于 SVM、SVM+算法都不能处理带有灰数的数据集，而灰数又常出现在数据集之中，所以本书针对这个问题提出灰色支持向量机(gSVM)和基于特权信息的灰色支持向量机(gSVM+)。这两个模型在一定程度上解决了数据集存在灰数的问题。

为了验证本书所提出的算法性能，本书实验设计了三类模型进行实验：①全部训练样本存在特权信息且松弛变量改动的支持向量机(rSVM+)仿真实验；②部分训练样本存在特权信息的支持向量机(pSVM+)的仿真实验；③基于特权信息的灰色支持向量机模型(gSVM+)的仿真实验。且实验数据均来源于 UCI 数据库中的部分数据集，并与 SVM、SVM+算法进行了 MATLAB 仿真实验对比。实验结果显示，无论从平均分类准确率还是均衡性上来看，rSVM+、pSVM+算法都会优于 SVM、SVM+算法。同时，gSVM，gSVM+可以处理 SVM、SVM+所不能处理的数据集。

虽然基于特权信息的灰色支持向量机的研究已顺利完成，但是与此相关的内容却仍然值得继续钻研，因此本书对未来的研究工作进行了一些建议，希望对后续研究者能够起到一些帮助。比如以下几点。

（1）灰色支持向量机算法的改进。虽然本书研究的算法达到了分类性能的提升，但是灰色支持向量机算法的改进方法不仅限于此。未来关于灰色支持向量机算法的改进可以集中于灰数白化算法。

（2）将灰色支持向量机算法应用于其他种类的 SVM+。即使对灰色支持向量机算法实现了重大突破，但是如何成功地应用于其他种类的 SVM+，实现分类器性能的提升，这将始终会是值得研究的一个问题。

（3）实验数据集和核函数的选取。本书在算法验证实验中只选取了部分 UCI 数据集，并且这些数据集的样本量太大，对于大样本数据集或非平衡数据集的验证工作还有待进一步的研究。另外，由于核函数全部采用了径向基核函数，是否存在着其他更为合适的核函数仍值得研究。

（4）将灰色理论应用于其他分类器。灰色支持向量机算法的优异表现绝非偶然，将灰色理论应用到其他分类器上将会是非常具有意义的工作。

（5）其他智能优化算法与 SVM 分类器的结合。随着科研工作的进行，新的智能优化算法也会不断地出现，将这些新的智能优化算法应用于 SVM 参数选择或许会取得意想不到的效果。